JN050381

KOKOKARA DRILL SERIES

大学入試
HAJIMERU

小倉の
ここから
はじめる
数学I
ドリル

**Gakken**

# 受験勉強の挫折の<ruby>原因<rt>げんいん</rt></ruby>とは？

自分で
続けられる
かな…

## 定期テスト対策と受験勉強の違い

本書は，これから受験勉強を始めようとしている人のための，「いちばんはじめの受験入門書」です。ただ，本書を手に取った人のなかには，「そもそも受験勉強ってどうやったらいいの？」「定期テストの勉強法と同じじゃだめなの？」と思っている人も多いのではないでしょうか。実は，定期テストと大学入試は，本質的に違う試験なのです。そのため，定期テストでは点が取れている人でも，大学入試に向けた勉強になると挫折してしまうことがよくあります。

定期テスト
とは…　　授業で学んだ内容のチェックをするためのもの。

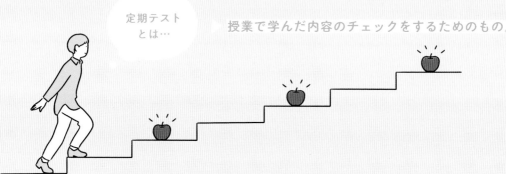

学校で行われる定期テストは，基本的には「授業で学んだことをどれくらい覚えているか」を測るものです。出題する先生も「授業で教えたことをきちんと定着させてほしい」という趣旨でテストを作成しているケースが多いでしょう。出題範囲も，基本的には数か月間の学習内容なので，「毎日ノートをしっかりまとめる」「先生の作成したプリントをしっかり覚えておく」といったように真面目に勉強していれば，ある程度の成績は期待できます。

大学入試
とは…　　膨大な知識と応用力が求められるもの。

一方で大学入試は，出題範囲は高校3年分，そして，「入学者を選抜する」，言い換えれば「落とす」ための試験なので，点数に差をつけるため，基本的な知識だけでなく，その知識を活かす力（応用力）も問われます。また，試験時間内に問題を解ききるための時間配分なども必要になります。定期テストとは試験の内容も問われる力も違うので，同じような対策では太刀打ちできず，受験勉強の「壁」を感じる人も多いのです。

## 受験参考書の難しさ

定期テスト対策とは大きく異なる勉強が求められる受験勉強。出題範囲が膨大で，対策に充てられる時間も限られていることから，「真面目にコツコツ」だけでは挫折してしまう可能性があります。むしろ真面目に頑張る人に限って，空回りしてしまいがちです。その理由のひとつに，受験参考書を使いこなすことの難しさが挙げられます。多くの受験生が陥りがちな失敗として，以下のようなものがあります。

### 1 参考書1冊をやりきることができない

本格的な受験参考書に挑戦してみると，解説が長かったり，問題量が多かったりして，
挫折してしまう。1冊やりきれないままの本が何冊も手元にある。
こんな状態になってしまう受験生は少なくありません。

### 2 最初からつまずく

自分のレベルにぴったり合った参考書を選ぶのは難しいもの。
いきなり難しい参考書を手に取ってしまうと，まったく問題に歯が立たず，
解説を見ても理解できず，の八方塞がりになってしまいがちです。

### 3 学習内容が定着しないままになってしまう

1冊をとりあえずやりきっても，最初のほうの内容を忘れてしまっていたり，
中途半端にしか理解できていなかったり……。
力が完全に身についたといえない状態で，
よりレベルの高い参考書に進んでも，うまくいきません。

ならばどうしたら
この失敗が防げるか
考えたのが…

## ここからはじめるシリーズなら挫折しない！

前ページで説明したような失敗を防ぎ，これまでの定期テスト向けの勉強から受験勉強へとスムーズに移行できるように工夫したのが，「ここからはじめる」シリーズです。無理なく，1冊をしっかりとやりきれる設計なので，これから受験勉強をはじめようとする人の，「いちばんはじめの受験入門書」として最適です。

## 1冊全部やりきれる！

全テーマが，解説1ページ➡演習1ページの見開き構成になっています。
スモールステップで無理なく取り組むことができるので，
1冊を最後までやりきれます。

## 最初でつまずかない！

本格的な受験勉強をはじめるときにまず身につけておきたい，
基礎の基礎のテーマから解説しています。
ニガテな人でもつまずくことなく，受験勉強をスタートさせることができます。

## 学習内容がしっかり定着する！

1冊やり終えた後に，学習した内容が身についているかを
確認できる「修了判定模試」が付いています。
本書の内容を完璧にし，次のレベルの参考書にスムーズに進むことができます。

これなら
続けられそう

はじめまして！　数学講師の小倉悠司です。この本を選んでくれてありがとう！

　今この文章を読んでいる人の中には，数学に対して前向きな気持ちをもっている人もいれば，数学に不安をもっている人もいると思います。いずれにせよ，「数学がもっとできるようになりたい」と思っているのではないでしょうか。「ここから」シリーズは必ずそんなあなたの助けになります。この本は，数学が好きな人はもっと得意に，数学に不安をもっている人は少しずつ苦手を克服し，不安が解消されていくきっかけになるように全力を尽くして作成しました！

　「ここからはじめる数学Ⅰ」では，「数学Ⅰの基本事項の習得」が目標です。そのために必要な事を，中学数学まで（場合によっては小学算数まで）さかのぼって学習できる構成になっています。目標は本書に掲載されている演習問題（ 演 習 ）が解けるようになることです。

　チャレンジ問題（ CHALLENGE ）は，基本事項の習得だけでなく，「自分の頭」で「考える」という事に挑戦して欲しいという想いで入れています。初めのうちは解けなくても構いません！　頭で考えるだけでなく実際に手を動かすなど（僕は手で考えると呼んでいます！），試行錯誤してみてください。チャレンジ問題ができなくても落ち込む必要はありませんが，できたときは盛大に自分自身を褒めてください。

　演習問題は基本事項を定着させるための問題なので，1，2分ほど考えても分からない場合はすぐに答えを見ても構いませんが，チャレンジ問題はぜひ5分〜10分くらいは粘り強く考えてみてください。

「今の行動が未来を創る」

　あなたがこの本で数学を学ぶという「行動」は，必ずあなたが望む「未来」につながっています！　あなたが望む未来を手に入れられることを，心より願ってい"math"！

小倉 悠司

## もくじ

Chapter 1

# 数と式

## Chapter 2 論理と集合

## Chapter 3 2次関数

別冊「解答解説」 → 別冊「修了判定模試」

## 本書の使い方

How to Use

超基礎レベルの知識から，順番に積み上げていける構成になっています。

「▶ここからはじめる」をまず読んで，この講で学習する概要をチェックしましょう。

解説を読んだら，書き込み式の演習ページへ。
学んだ内容が身についているか，すぐに確認できます。

人気講師によるわかりやすい解説。ニガテな人でもしっかり理解できます。

例題を解くことで，より理解が深まります。

学んだ内容を最後におさらいできるチェックリスト付き。

---

答え合わせがしやすい別冊「解答解説」付き。
詳しい解説でさらに基礎力アップが狙えます。

すべての講をやり終えたら，「修了判定模試」で力試し。間違えた問題は➡00講のアイコンを参照し，該当する講に戻って復習しましょう。

# 1　今までの学習，本当に正しいかどうかを考えてみよう！　大丈夫！　今からでも数学はできるようになります。

## 正しく学習すれば数学は必ずできるようになる

　数学ができるようになるか，不安に思っている人もいるかもしれません。最先端の数学となると話は別かもしれませんが，大学入試の数学は，**正しく学習すれば必ずできるようになります。**ですので，安心して数学を学習してください。ただし，高校の数学に入る前に，小学算数や中学数学に不安がある人はまずはそこをきちんと固めることが大切です。土台がしっかりしていない状態で学習しても，基本的な部分で躓いたり，なんとなくでしか内容を把握できなかったりなど，結果的に遠回りになります。「急がば回れ」という言葉がありますが，受験に間に合わせたいと急いでいる時こそ，**本書に掲載されている小中学生の内容を固めた上で高校の内容を学習してください。その方が定着も早く効果的です。**

## 今までの学習の方法は本当に正しいでしょうか？

　中学数学までは得意だったけど，高校数学になったら急に解けなくなったという話をよく聞きます。**あなたの今までの数学の学習法は本当に正しいのでしょうか？**とりあえず問題を解いて，「このパターンの問題はこのように解く」と根拠もなく暗記をする（パターン暗記と呼ぶことにします。）という学習を行っていないでしょうか？　中学数学まではテストで問われるパターンもそこまで多くはなく，パターン暗記でも上手くいったかもしれません。そして，高校数学でも範囲が絞られている定期テストなどは乗り切れたかもしれません。「**知っている問題が出れば解ける**」，「**知らない問題が出れば解けない**」となる**パターン暗記**では，**実力テストや模試，ましてや入試をのり切ることはできません。**

　実は理解していなかった部分を見つけ，解消されればよりスムーズに学習が進むよ。そのためにも小学や中学内容もしっかり確認しておこう。

## 2 | パターン暗記だけの学習には限界がある！ 「根拠」が応用問題，初見の問題を解く手がかり！

### パターン暗記だけの学習には限界がある

　パターン暗記でも模試でそこそこ点数が取れているという人もいるかもしれません。全国模試の問題構成は大まかに，「⑴教科書レベルの問題　⑵問題集，参考書に載っているような典型問題　⑶応用問題」のようになっているので，パターン暗記だけでもある程度の点数が取れることもあります。⑴，⑵のような**見たことがある問題は，パターン暗記をしていれば解ける**からです。しかし，⑶はパターン暗記だけの学習では対応できず，ここで頭打ちになってしまいます。**パターン暗記だけの学習でもある程度までは点数が取れるようになりますが，限界があります。**

### 応用問題，初見の問題を解く手がかりは「根拠」

　応用問題が解けるようになるためには，例えば余弦定理を使う問題において，「なぜ」余弦定理を使うのかなど，「根拠」がわかっていることが大切です。本書では，「根拠」がわかっていることを「理解」と呼ぶことにします。$\sin\theta$が何であるかなど，定義は「暗記」する必要がありますが，問題の解き方は「理解」しないとその問題しか解けない「点の学習」になってしまいます。正しく「理解」すれば，周辺の問題も解ける「面の学習」になり効率的に学習できます。

　応用問題は知識を組み合わせて解く必要があり，**どの知識を組み合わせて解くかの判断材料となるのが「根拠」**です。例えば，「余弦定理」を使うのは，「知りたいもの＋わかっているもの」が「3辺と1角の関係」のときで，その状況に当てはまるから余弦定理！のように**「根拠」が，問題を解く手がかり**になります。

「根拠」がわかってくると数学の学習も楽しくなってくるよ！　「根拠」は成績の向上にもつながるし，モチベーションアップにもつながるよ！

## 3 まずは，定義や基本事項を身につけ，基礎力をつける！ 応用問題は手を動かし，試行錯誤して考えよう！

### まずは，定義や基本事項を身につけよう

さて，ここからは具体的な学習法をお話ししていきます。まずは，定義や基本事項を身につけましょう。料理においても，食材や道具の基本的な知識をまず身につける必要がありますね。その後，食材，調味料などを組み合わせて，こんな調理方法をすると美味しいのではないかと試行錯誤することができるようになります。数学も同じです。**まずは，定義や基本事項，すなわち，考えるための知識や道具を身につけましょう。**基本事項を身につけるための問題（「ここからシリーズ」の中では演習問題（ 演 習 ））が少し考えて分からない場合は，答えをすぐに見ても構いません。基本事項が身につくまでくり返し行いましょう！

### 定義や基本事項が身についたら手を動かして考えよう

定義や基本事項が身についた後は，基本事項を組み合わせて解く問題（「ここからシリーズ」の中ではチャレンジ問題 CHALLENGE ）に取り組みましょう。その際，**分からなくてもすぐに答えを見るのではなく，「自分の頭を使って」じっくり考えてみましょう！** 考えるというと頭の中だけのことだと思うかも知れませんが，手を動かし，「試行錯誤」を行うことも大切です。僕はよく「**手で考える**」という言葉を使います。「根拠」が応用問題を解く手がかりにはなりますが，「根拠」が分かっていてもどう組み合わせて解くかを考える試行錯誤も重要です。条件を整理してみたり，文字の場合は具体的な数で考えてみたりなど，頭で考えるだけでなく**手でも考えてみてください！**

基礎は「易しい」ではなく「土台」だから，中には難しく感じることもあるかもしれないけど，基礎を固めることは本当に大切だよ！

# 4 計算の土台作りをして，計算が正確にできるようになろう！　計算においても「なぜ」その計算をするかを押さえよう！

## まずは計算を正確にできるようになろう

　展開や因数分解，方程式，平方完成などは多くの分野で必要となる計算です。計算は「正確に早く」できることが最終目標ですが，まずは「**正確に**」計算できるようになりましょう！「早く」計算ができるのは次のステップです。

　例えば，方程式の計算における「移項」であれば，「なぜ」反対側にもっていくと符号が逆転するかなど「根拠」が分かった上で行いましょう。ただし，実際に計算するときは，反対側にもっていくと符号が逆転する理由を考えながら行うのではなく，反対側にもっていくと符号が逆転するというルールに従って計算してOKです。**計算を行うときはルールに従って計算をしますが，もし「なぜ」成り立つのかと聞かれたときには答えられる状態にしておくことが大切**です。

## 式変形のような計算から「根拠」を大切にしよう

　例えば「2次関数」ではグラフを描けるようになることが1つの目標です。ただし，最大・最小を求めるときは，軸と定義域が重要であり，2次不等式を解く際は，$x$軸との共有点が重要であるなど，**場面によって，何が重要であるかを考えることが大切**です。軸が知りたいから平方完成，$x$軸との共有点の$x$座標が知りたいから因数分解と「根拠」を押さえた上で適切な変形を行いましょう！　難しい問題になってから，「根拠」を考えるのではなく，**式変形のような基本的な計算から「根拠」がわかっている事が大切**です。いざ聞かれたときに根拠が説明できるのであれば，実際に式変形を行うときには反射的にやって構いません（1回1回根拠を考えていると時間がかかりすぎますからね…）。

計算は理屈が分かった後は，手が勝手に動くようになるまで練習しよう。正確にできるようになったら，「工夫」して行うことも考えてみるといいよ！

# 教えて！　小倉先生

## Q

### 小学生からずっと算数，数学が苦手です。それでも大学受験を突破できますか？

　算数，数学にずっと苦手意識をもっています。行きたい大学では，受験に数学を使うのですが，できるようになるか不安です。今までも数学を頑張ろうとしては，結果が出ませんでした。本当に数学ができるようになるのでしょうか？

## A

数学は積み重ねの学問！　つまずいている所を解決して，１つ１つを積み上げれば必ずできるようになります！

　できるようになるまでにかかる時間は人によって異なるとは思いますが，**大学受験数学であれば，１つ１つの事柄をしっかり理解して積み上げていけば必ずできるようになります。**「ここからシリーズ」はまさにそのような人のために，小学校の算数からも大学受験に必要な部分を抜き出して掲載しています。"どこかでつまずいてしまっている"，または"仕組みがわからずに丸暗記してしまっている"ことによって伸び悩んでいる人も，「ここからシリーズ」を通して**しっかりと「理解」を積み上げていけば大丈夫です。**「理解」をしていき，根拠がわかってくると数学が段々と面白くなってきます。そうなるまでは大変かもしれませんが，止まない雨はありません。
　あなたが数学を好きになってくれる日を楽しみにしています。

# 教えて！　小倉先生

**Q**

## 問題が解けないと，すぐに答えを見たくなります。時間がかかっても自分で考えたほうが良いですか？

　問題が解けないと，すぐに答えが見たくなってしまいます。それではいけないとなんとなくは思いつつ…わかるまで考えるべきでしょうか？
　それだと時間がかかり過ぎる気がして気が重いです。

**A**

## 基本事項を身につけるための問題はすぐに答えを見てもOK！　応用問題はじっくり考えてみよう。

　答えを見たくなる気持ちもわかります。苦手な教科だと特にそうですよね。数学には答えをすぐに見てもよい問題とじっくり考えてほしい問題があります。目安としては**基本事項を身につけるための問題**（ここからはじめるでは演習問題 演 習 ）**は，少し考えてわからない場合はすぐに答えを見てもよいと思います**。また，より思考力をつけたい人は，そのような基礎的な問題の別解を考えてみることもおススメです。**章末問題などの応用問題**（ここからはじめるではチャレンジ問題 CHALLENGE ▶ ）**は，基本事項がひと通り身についた後に，じっくり考えて取り組む**のがおススメです。最初はわからないと答えを見たくなるかもしれませんが，自力で解けると嬉しくスッキリしますよ。

**Q**

### 途中式は省略しても良いですか？　それとも省略しない方が良いでしょうか？

　途中式を省略してはいけないと以前言われた気がするのですが，途中式は省略してはいけないのでしょうか？それだと凄く時間がかかってしまいます。

**A**

### 途中式を省略しても計算ミスをしないならばOK！　省略してミスが増えるならば省略せずにやろう！

　はじめの立式と答えが書いてあれば，減点されることは基本的にはないと思います。ですので，**途中式を省略しても計算ミスをしないのであれば，途中式を省略しても大丈夫**です。しかし，途中式を省略する，つまり暗算することによって，計算ミスをしてしまうのであれば，途中式を省略すべきではありません。ですので，**計算ミスをしない程度に途中式を省略する**というのが，この質問に対する答えとなります。

　自分がどの程度であれば途中式を省略しても計算ミスをしないで済むかを，日頃の学習で検証しておくと良いでしょう！

KOKOKARA DRILL SERIES

大学入試
HAJIMERU

小倉の ここから
はじめる
数学 I
ドリル

河合塾
小倉悠司

**01講**　工夫をした計算方法を学ぼう！

# 自然数の計算

▶ ここからはじめる　正の整数を自然数といいます。ここでは，「自然数のたし算・ひき算・かけ算」における計算の工夫について学習します。かんたんに見える計算であっても，それを工夫することは今後のためにとても大切です。今回は工夫の仕方を3つ紹介します。

## POINT 1 たし算は，たした数がきりのよい数になるように分解しよう！

例えば，8＋5＝13 の計算はどのように行っているでしょうか？

8 は 2 を加えると 10 という**きりのよい数**になるので，5 を「2＋3」と分け，先に 8＋2 を計算した後に 3 を加える，と考えるのがオススメです。

$$8＋5＝13$$
②　③ ●—————— 8と5であれば8の方が10に近いから，5の方を分解しよう！

## POINT 2 ひき算は，くり下げをしなくてすむように分解しよう！

買い物をしたときに，お会計が 376 円でした。1000 円払ったときのおつりはいくらになるでしょうか？

1000 を「999＋1」と分け，先に 999－376 を計算した後に 1 をたすと効果的です。ひき算の計算は**くり下げをしなくてすむように分解**するのがオススメです！

$$1000－376＝999－376＋1$$
$$＝623＋1$$
$$＝624$$

●—————— 999 －376 ————— 623　くり下げがないから，暗算がしやすい

## POINT 3 かけ算は，分配法則を利用しよう！

例えば，34×7 であれば，筆算を使ってもよいですが，

**分配法則：**$(□＋○)×△＝□×△＋○×△$

を利用して次のように計算することもできます。

$$34×7＝(30＋4)×7＝30×7＋4×7＝210＋28＝238$$

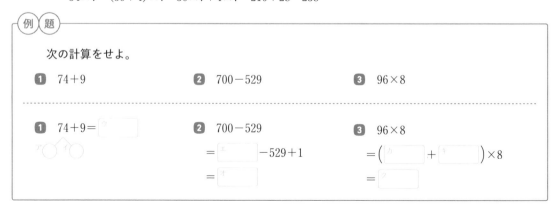

（例）（題）

次の計算をせよ。

**1**　74＋9

**2**　700－529

**3**　96×8

- - - - - - - - - - - - - - - - - - - - - - - - - - - - - - -

**1**　74＋9＝[ ア ]
　　ア◯　◯

**2**　700－529
　　＝[ イ ]－529＋1
　　＝[ ウ ]

**3**　96×8
　　＝([ エ ]＋[ オ ])×8
　　＝[ カ ]

**1** 次の計算をせよ。

(1) $6+7$

(2) $54+78$

(3) $32+49$

**2** 次の計算をせよ。

(1) $300-172$

(2) $1000-625$

(3) $7000-3527$

**3** 次の計算をせよ。

(1) $22×9$

(2) $58×4$

(3) $87×3$

**CHALLENGE** 次の計算をせよ。

(1) $93+54+68$

(2) $30000-545$

(3) $320×7$

HINT (1) くり上げがない数から先に計算しよう！ (2) $30000=29999+1$ と分けよう！ (3) $320=32×10$ として，$32×7$ の $10$ 倍と考えよう！

**✓ CHECK**
**01講で学んだこと**

□ たし算は，たした数がきりのよい数になるように分解する。
□ ひき算は，くり下げをしなくてすむように分解する。
□ かけ算は，分配法則を利用する。

## O2講　分数の計算では通分・逆数がポイント！
# 分数の計算

▶ここからはじめる　ここでは、「分数のたし算・ひき算、かけ算・わり算」について学習します。分母の値が違うときのたし算・ひき算では、通分という操作を行います。さらに、分数をかける、分数でわる方法について、ここであらためて確認しておきましょう！

### POINT 1　分数のたし算・ひき算は通分して計算する！

$\frac{1}{2}+\frac{1}{3}$ は $\frac{2}{5}$ とすることはできません。**通分**（分母を同じにすること）した後に、分子を計算します。ここでは、2 と 3 の最小公倍数 2×3＝6 に分母をそろえます。その際、分母にかけた数と同じ数を分子にもかけます。

$$\frac{1}{2}\xrightarrow[3倍]{分母・分子}\frac{3}{6}\quad\bigotimes\qquad\qquad\frac{1}{2}+\frac{1}{3}=\frac{3}{6}+\frac{2}{6}=\frac{3+2}{6}=\frac{5}{6}$$

$$\frac{1}{3}\xrightarrow[2倍]{分母・分子}\frac{2}{6}\quad\bigotimes\qquad\qquad\bigotimes+\bigotimes\quad\bigotimes$$

$\frac{5}{6}-\frac{7}{10}$ も通分をして計算します。6＝2×3, 10＝2×5 より、「共通な因数の 2」と 3 と 5 をかけたものが最小公倍数なので、2×3×5＝30 に分母をそろえます。

$$\frac{5}{6}-\frac{7}{10}=\underbrace{\frac{5\times5}{6\times5}}_{分母・分子に5をかけた}-\frac{7\times3}{10\times3}=\frac{25}{30}-\frac{21}{30}=\frac{\overset{2}{\cancel{4}}}{\underset{15}{\cancel{30}}}=\frac{2}{15}$$

> 約分できるときは、約分する！

### POINT 2　分数のわり算は、わる数の分母と分子をひっくり返した数をかける！

$\frac{1}{2}\times\frac{7}{3}$ であれば、$\frac{1\times7}{2\times3}=\frac{7}{6}$ のように分母どうし、分子どうしを計算します。

$\frac{1}{2}\div\frac{7}{3}$ であれば、わられる数 $\frac{1}{2}$ にわる数 $\frac{7}{3}$ の分母と分子をひっくり返した数（「逆数」という）である $\frac{3}{7}$ をかけることで求めます。

$$\frac{1}{2}\div\frac{7}{3}=\frac{1}{2}\times\frac{3}{7}=\frac{1\times3}{2\times7}=\frac{3}{14}$$

> $\frac{1\times3}{2\times7}$ の部分は省略してもOK♪

---

#### 例題

次の計算をせよ。

❶ $\frac{7}{15}-\frac{5}{12}$　　　❷ $\frac{7}{5}\div3$

............................................................................

❶ $\frac{7}{15}-\frac{5}{12}=\dfrac{\boxed{ア}}{60}-\dfrac{\boxed{イ}}{60}=\dfrac{\boxed{ウ}}{60}=\dfrac{\boxed{エ}}{\boxed{オ}}$　❷ $\frac{7}{5}\div3=\frac{7}{5}\times\dfrac{\boxed{カ}}{\boxed{キ}}=\dfrac{\boxed{ク}}{\boxed{ケ}}$

---

演 習

**1** 次の計算をせよ。

(1) $\dfrac{2}{3} + \dfrac{5}{3}$

(2) $\dfrac{7}{5} - \dfrac{2}{3}$

(3) $\dfrac{1}{6} + \dfrac{3}{8}$

**2** 次の計算をせよ。

(1) $\dfrac{2}{3} \times \dfrac{3}{5}$

(2) $\dfrac{3}{10} \div \dfrac{2}{5}$

(3) $\dfrac{3}{8} \div 6$

**CHALLENGE** 次の計算をせよ。

(1) $\dfrac{2}{3} - \dfrac{1}{5} + \dfrac{3}{2}$

(2) $\dfrac{3}{5} \div \dfrac{3}{2} \times \dfrac{7}{4}$

(3) $\dfrac{6}{5} \div \dfrac{2}{3} - \dfrac{2}{7}$

HINT (1) 3と5と2の最小公倍数で通分しよう！ (2) $\div \dfrac{3}{2}$ をかけ算に直そう！ (3) わり算を先に計算してからひき算をやろう！

✔ CHECK
**02講で学んだこと**

☐ 分数のたし算・ひき算は, 通分する。
☐ 分数のかけ算は, 分母どうし, 分子どうしを計算する。
☐ 分数のわり算は, わる数の分母と分子をひっくり返した数をかける。

# 03講 正の数・負の数のたし算とひき算は絶対値の和・差に着目！
# 正負の数の加法・減法

▶ ここからはじめる　数直線上における原点との距離をその数の「絶対値」といい, 正の数ならばそのまま, 負の数であれば −（マイナス）記号を除いたものになります。今回は, この絶対値を用いて「負の数を含む加法（たし算）・減法（ひき算）」の方法を学んでいきましょう。

## POINT 1 同符号のたし算は絶対値の和に共通の符号をつける

まずはイメージをつかみましょう！　負の数と負の数の和は, 次のように行います。

$$(-4)+(-2)=-6$$

マイナスパワー4とマイナスパワー2を合わせるとマイナスパワー6ってイメージ！

符号を無視した数の部分！

形式的には, 同符号の2数の和は, 絶対値の和に共通の符号をつけます。

$$\underset{\text{絶対値の和}}{(-4)+(-2)=-\overset{\text{共通の符号}}{(4+2)}=-6}$$

$$\underset{\text{絶対値の和}}{(+5)+(+2)=+\overset{\text{共通の符号}}{(5+2)}=+7}$$

## POINT 2 異符号のたし算は絶対値の差に絶対値の大きい方の符号をつける

ここでもイメージをつかんでおきましょう！　負の数の絶対値が大きい場合は, 次のように行います。

$$(-5)+(+3)=-2$$

マイナスパワー5とプラスパワー3だから, 3が打ち消し合って, マイナスパワーが2残るイメージ！

形式的には, 異符号の2数の和は, 絶対値の差に絶対値が大きい方の符号をつけます。

$$\underset{\text{絶対値の差}}{(-5)+(+3)=-\overset{\text{絶対値が大きい方の符号}}{(5-3)}=-2}$$

$$\underset{\text{絶対値の差}}{(-3)+(+8)=+\overset{\text{絶対値が大きい方の符号}}{(8-3)}=+5}$$

## POINT 3 ある数をひくことは, ひく数の符号を変えた数をたすことと同じ

ひき算は, ひく数の符号を変えて, たし算に直して計算します。

$$(-2)-(-8)$$
たし算に直す↓　符号を変える↓
$$=(-2)+(+8)=6$$

（−8）をひく（取る）ことは,（+8）をたす（加える）ことと同じ。

$$(+4)-(+6)$$
たし算に直す↓　符号を変える↓
$$=(+4)+(-6)=-2$$

---

### 例題

次の計算をせよ。

❶ $(+5)+(-12)$

❷ $(+9)-(-3)$

- - - - - - - - - - - - - - - - - - - - - - - - - - - - - - - - - - - - - - - - - -

❶ $(+5)+(-12)=\boxed{\phantom{ア}}$

　　　　　　$=\boxed{\phantom{イ}}$

❷ $(+9)-(-3)=(+9)+\left(\boxed{\phantom{ウ}}\right)=\boxed{\phantom{エ}}$

　　　　　　$=\boxed{\phantom{オ}}$

---

例題の解答　［ア］−(12−5)　［イ］−7　［ウ］+3　［エ］+(9+3)　［オ］+12

演習 の解答 ➡ 別冊 P.4

**演 習**

**1** 次の計算をせよ。

(1) $(-3)+(-7)$ (2) $(+5)+(+8)$ (3) $(-13)+(-7)$

**2** 次の計算をせよ。

(1) $(+13)+(-3)$ (2) $(-7)+(+16)$ (3) $(+11)+(-35)$

**3** 次の計算をせよ。

(1) $(+12)-(-5)$ (2) $(+7)-(+15)$ (3) $(-15)-(-21)$

**CHALLENGE** 次の計算をせよ。

(1) $(+5)+(-4)+(-9)$

(2) $(-7)-(-10)-(-7)$

HINT (1) 同符号の $(-4)+(-9)$ を先に計算しよう！ (2) まずはすべてたし算に直そう！

**✔ CHECK**
**03講で学んだこと**

□ 同符号のたし算は絶対値の和に共通の符号をつける。
□ 異符号のたし算は絶対値の差に絶対値の大きい方の符号をつける。
□ ひき算は, ひく数の符号を変えて, たし算に直して計算する。

Chapter
**1**

数と式 ── 03講 ▼ 正負の数の加法・減法

23

**04講** 負の数の個数がポイント！

# 正負の数の乗法・除法

▶ ここからはじめる　今回は「負の数を含む乗法（かけ算）・除法（わり算）」について学びます。乗法の結果は「積」，除法の結果は「商」といいます。負の数を含む乗法・除法では，「それぞれの数の絶対値の積・商」と「符号」を分けて考えるとよいでしょう。

## POINT 1 同符号の2数のかけ算の符号は「＋」，異符号の2数のかけ算の符号は「ー」

同じ符号の2数のかけ算（**正×正**，**負×負**）は，絶対値の積に＋をつけます。
異なる符号の2数のかけ算（**正×負**，**負×正**）は，絶対値の積にーをつけます。

$$(+3) \times (+7) = +(3 \times 7) = +21 = 21 \qquad (-5) \times (+6) = -(5 \times 6) = -30$$

（補足）　符号の「＋」は省略してもよい。

## POINT 2 同符号の2数のわり算の符号は「＋」，異符号の2数のわり算の符号は「ー」

同じ符号の2数のわり算（**正÷正**，**負÷負**）は，絶対値の商に＋をつけます。
異なる符号の2数のわり算（**正÷負**，**負÷正**）は，絶対値の商にーをつけます。

$$(-33) \div (-3) = +(33 \div 3) = +11 = 11 \qquad (+25) \div (-5) = -(25 \div 5) = -5$$

## POINT 3 負の数が偶数個ならば「＋」，負の数が奇数個ならば「ー」

3つ以上の数のかけ算とわり算の符号について，次が成り立ちます。
- **負の数が偶数**（2, 4, 6, ……）**個ならば符号は＋**
- **負の数が奇数**（1, 3, 5, ……）**個ならば符号はー**

$$(-3) \times (-1) \div (+2) \times (-4) = -(3 \times 1 \div 2 \times 4) = -\left(3 \times 1 \times \frac{1}{2} \times 4\right) = -6$$

負の数が奇数個　　　符号はー

---

例題

次の計算をせよ。

**1** $(-5) \times (-12)$　　　**2** $(+9) \div (-3)$　　　**3** $8 \div \left(-\dfrac{1}{3}\right) \times 2$

---

**1** $(-5) \times (-12) = \boxed{\phantom{ア}} = \boxed{\phantom{イ}}$

**2** $(+9) \div (-3) = \boxed{\phantom{ウ}} = \boxed{\phantom{エ}}$

**3** $8 \div \left(-\dfrac{1}{3}\right) \times 2 = 8 \times \left(\boxed{\phantom{オ}}\right) \times 2 = \boxed{\phantom{カ}} = \boxed{\phantom{キ}}$

例題の解答　ア ＋(5×12)　イ 60　ウ ー(9÷3)　エ ー3　オ ー3　カ ー(8×3×2)　キ ー48

**1** 次の計算をせよ。

(1) $(-7) \times (-8)$

(2) $(+5) \times \left(-\dfrac{3}{7}\right)$

(3) $(-3) \times (+12)$

**2** 次の計算をせよ。

(1) $(-35) \div (-7)$

(2) $(-6) \div 7$

(3) $\left(-\dfrac{5}{16}\right) \div \left(-\dfrac{35}{24}\right)$

**3** 次の計算をせよ。

(1) $(-25) \div \dfrac{5}{2} \times (-4)$

(2) $5 \div (-2) \times 6 \div (-3)$

**CHALLENGE** 次の計算をせよ。

(1) $5 \times (-4) + (-20) \div 4$

(2) $(-27) \div (-3) \times \{7 + (-6) \div 3\}$

HINT (1) かけ算・わり算を先に行ってから、たし算をしよう！ (2) まずはかっこの中から計算しよう。その中でもかけ算・わり算を、たし算・ひき算より先にやろう！

**CHECK**
**04講で学んだこと**

☐ 負の数が偶数個のかけ算・わり算の符号は「＋」
☐ 負の数が奇数個のかけ算・わり算の符号は「－」

# 05講 文字式のルールやメリットについて学ぼう！
## 文字式

▶ ここからはじめる　文字を用いて表された式のことを「文字式」といいます。文字式の表し方にはいくつかのルールがあります。ここでは，それらをおさえつつ，いろいろな数量を文字式で表すことを学習しましょう。

## POINT 1 文字式のルールを知ろう！

**1** 乗法の記号×は省略する。

(例)　$a \times b = ab$

**2** 数と文字の積，数とかっこの積は，数を文字やかっこの前に書く。

(例)　$x \times 5 = 5x$, $(k+l) \times 5 = 5(k+l)$

**3** 同じ文字の積は，指数を用いて累乗の形で表す。文字はふつうアルファベット順とする。

(例)　$a \times a \times a = a^3$, $z \times x \times y = xyz$

**4** 1または−1と文字の積は，1を省略する。−の符号は前に書く。

(例)　$a \times (-1) = -a$（$-1a$ とは書かない。）

**5** 除法の記号÷は使わず分数の形で表す。

(例)　$x \div y = \dfrac{x}{y}$, $a \div 4 = \dfrac{a}{4}$

## POINT 2 文字式の表し方にしたがって，いろいろな数量を式に表してみる

例えば，1本200円のジュースを買うときの代金は，

1本のとき 200×1(円)，2本のとき 200×2(円)，3本のとき 200×3(円)，……

となって，200×(買った本数)が代金となります。だから，ジュースを $x$ 本買ったときの代金は，「200×$x$(円)」のように表すことができます。

このように，文字式を用いると，いろいろな数量や，数量どうしの関係などを**一般的**に表すことができます。

---

### 例題

**1** 次の式を文字式の決まりにしたがって表せ。

①　$-1 \times x + y \times y \times (-3)$　　　②　$a \div b \div c$

**2** 1個130円の消しゴムを $x$ 個買い，1000円出したときのおつりを $x$ を用いて表せ。

- - - - - - - - - - - - - - - - - - - - - - - - - - - - - - - - - - - - - - - - - - - - - - -

**1** ①　$\boxed{\phantom{ア}} - \boxed{\phantom{イ}}$　　　②　$\dfrac{\boxed{\phantom{ウ}}}{\boxed{\phantom{エ}}}$

**2** （おつり）＝（支払った金額）−（代金）より，

$\boxed{\phantom{オ}}$（円）

演 習

**1** 次の式を文字式の決まりにしたがって表せ。

(1) $y \times x \times z \times \dfrac{3}{2}$

(2) $(a+b) \times (a+b) \times (-2)$

(3) $(x-y) \div 5$

**2** 次の式を $\times$, $\div$ の記号を用いた式で表せ。

(1) $-3a^5$

(2) $\dfrac{x-y}{x+y}$

(3) $\dfrac{3a^2-b}{(a+b)^2}$

**3** 次の数量を表す式を書け。

(1) $x$ 円の 2 割の金額

(2) 百の位が $a$, 十の位が $b$, 一の位が $c$ の整数

CHALLENGE $a=-3$, $b=-\dfrac{1}{2}$, $c=\dfrac{1}{6}$ のとき, 次の式の値を求めよ。

(1) $b^2-4ac$

(2) $\dfrac{ac}{b}$

HINT 文字式に代入して計算した結果を「式の値」というよ。

✔ CHECK
**05講で学んだこと**

□ 乗法の記号×は省略する。
□ 数と文字の積, 数とかっこの積は, 数を文字やかっこの前に書く。
□ 同じ文字の積は, 累乗の形で表す。文字はふつうアルファベット順とする。
□ 1 または −1 と文字の積は, 1 を省略する。−の符号は前に書く。
□ 除法の記号÷は使わず分数の形で表す。

# 06講　文字式のまとめ方を学ぼう！
# 単項式，多項式，同類項

▶ここからはじめる　今回は，文字式の計算について学習していきます。文字の部分が同じときは，分配法則を利用して $ax+bx=(a+b)x$ とまとめることができます。単項式，多項式，係数，次数といった言葉の意味もここで理解しておきましょう。

## POINT 1　単項式，多項式

● **単項式**…数や文字およびそれらをかけ合わせてできる式。

　例　$2,\ x,\ 3a^2,\ -6xy^2$

● **多項式**…単項式の和として表される式（単項式は項が1つの多項式と考えます）。

　例　$3x^2+(-7xy)+y^2$（ふつう $3x^2-7xy+y^2$ と書く。）

　多項式のことを**整式**ともいいます。**単項式の数の部分**をその単項式の**係数**，かけ合わされている**文字の個数**を**次数**といいます。

　例　$-8x^3y^2$ であれば，係数は「$-8$」，次数は「5」である。

　多項式を単項式の和の形で表したときの1つ1つの単項式を**項**，各項の次数の中で最も高いものをその多項式の**次数**という。

　例　$5x^2-2x+7xy^2$
　　　項：$5x^2,\ -2x,\ 7xy^2$　次数：3

> $5x^2+(-2x)+7xy^2$
> 次数：2　　1　　3
> 　　　　次数が最も高い

　補足　次数が3の式を「3次式」という。

## POINT 2　同類項はまとめて整理することができる！

多項式の項の中で，**文字の部分が次数を含めてまったく同じである項**を同類項といいます。

$$4x+3x=(4+3)x=7x$$

のように分配法則を利用して，同類項をまとめることができます。

（イメージ）

　例　$\underline{4x^2}-\underline{2x}+\underline{3}\ \underline{-6x^2}-\underline{7x}+\underline{7}=(4-6)x^2+(-2-7)x+(3+7)$
　　　　同類項　　　　　　　　　$=-2x^2-9x+10$
　　同類項

### 例題

多項式 $3a-2ab+5b^3-7a+13ab-5b^3$ について，次の問いに答えよ。

❶ 同類項をまとめよ。　　❷ 同類項をまとめた後の多項式の次数を求めよ。

❶ $3a-2ab+5b^3-7a+13ab-5b^3=\left(\boxed{\ }\right)a+\left(\boxed{\ }\right)ab+\left(\boxed{\ }\right)b^3$
　　　　　　　　　　　$=\boxed{\ }a+\boxed{\ }ab$

❷ $\boxed{\ }a$ の次数は $\boxed{\ }$，$\boxed{\ }ab$ の次数は $\boxed{\ }$ より，次数は $\boxed{\ }$。

**1** 次の式の項, 係数, 次数を求めよ。

(1) $a^2+3$

(2) $\dfrac{4}{3}x-5xy+2y^3-7$

(1) 項:

$a^2$ の係数:

次数:

(2) 項:

$x$ の係数:　　　　$xy$ の係数:　　　　$y^3$ の係数:

次数:

**2** 次の式を簡単にせよ。

(1) $5x-7-3x+1+4x$

(2) $-(-3a+2)+(7a-12)$

**CHALLENGE** 次の式を簡単にせよ。

(1) $3(a-3)-4(3a-2)$

(2) $6\left(\dfrac{1}{3}x+\dfrac{1}{2}\right)+8\left(\dfrac{3}{8}x-\dfrac{5}{4}\right)$

(3) $15\left(\dfrac{a}{3}-\dfrac{3a-2}{5}\right)$

(4) $\dfrac{x+2}{3}-\dfrac{3x-1}{4}$

HINT (1)(2)(3) 分配法則で展開してから同類項をまとめよう！ (4) 通分してから同類項をまとめよう！

**✔ CHECK**
**06講で学んだこと**

☐ 単項式…数や文字およびそれらをかけ合わせてできる式。
☐ 多項式…単項式の和として表される式。　☐ 係数…単項式の数の部分。
☐ 次数…かけ合わされている文字の個数
　　（多項式の次数は各項の次数で最も高いもの）。
☐ 同類項は, 分配法則を利用してまとめることができる。

# 07講 多項式どうしのたしひきも，数の計算と同じように考える

# 多項式の加法・減法

▶ ここからはじめる　ここでは，「多項式の加法・減法」を中心に学習します。多項式の計算においても，数の計算のときと同様，交換法則，結合法則，分配法則を利用することが可能です。まずはそれぞれがどのような法則であったかを確認していきましょう。

## POINT 1 交換法則，結合法則，分配法則

- 交換法則：$a+b=b+a$, $ab=ba$
  - (例)　$3+7=7+3$, $3\times7=7\times3$

> たされる数とたす数，かけられる数とかける数を入れかえても OK ♪

- 結合法則：$(a+b)+c=a+(b+c)$
  　　　　$(ab)c=a(bc)$
  - (例)　$(3+7)+6=3+(7+6)$
  　　$(3\times7)\times6=3\times(7\times6)$

> 計算の順番を変えても OK！
> 3＋7 を先に計算してもよいし，
> 7＋6 を先に計算してもよい

> また，3×7 を先に計算してもよいし，
> 7×6 を先に計算してもよい

- 分配法則：$a(b+c)=ab+ac$
  　　　　$(a+b)c=ac+bc$

> 詳しくは chapter1 の 08 講参照

## POINT 2 多項式の加法・減法

分配法則でかっこをはずし，同類項をまとめます。

(例)　$(8x^3-2x^2+7x-5)-(3x^3-5x+6)$
$=8x^3-2x^2+7x-5-3x^3+5x-6$ ← かっこをはずす
$=8x^3-3x^3-2x^2+7x+5x-5-6$ ← 順番を入れかえる
$=(8-3)x^3-2x^2+(7+5)x+(-5-6)$ ← 同類項をまとめる
$=5x^3-2x^2+12x-11$

実際には 3 行目は（できる人は 4 行目も）省略して構いません（次の例題ではこの(例)の 3 行目は省略します）。

> かっこの前に「1」が省略されている
> 分配法則を使ってかっこをはずそう！
> $-1(3x^3-5x+6)$
> $=-1\times3x^3+(-1)\times(-5x)+(-1)\times6$

---

### (例)(題)

次の式を簡単にせよ。

$$-3(-2ab+5a^3-7b^2)+2(ab-3b^2)+(a^3-4ab+b^2)$$

---

$-3(-2ab+5a^3-7b^2)+2(ab-3b^2)+(a^3-4ab+b^2)$

$=\boxed{\phantom{ア}}ab-\boxed{\phantom{イ}}a^3+\boxed{\phantom{ウ}}b^2+\boxed{\phantom{エ}}ab-\boxed{\phantom{オ}}b^2+a^3-4ab+b^2$

$=\left(\boxed{\phantom{カ}}\right)a^3+\left(\boxed{\phantom{キ}}\right)ab+\left(\boxed{\phantom{ク}}\right)b^2$

$=\boxed{\phantom{ケ}}a^3+\boxed{\phantom{コ}}ab+\boxed{\phantom{サ}}b^2$

---

**1** 次の式を簡単にせよ。

(1) $4x^2+7x-3-(5x^2-6)$

(2) $-(-2a^2b+5ab)+(2a^2b+11ab)$

**2** 次の式を簡単にせよ。

(1) $2(3a^2-5ab+b^2)+3(a^2+7ab-5b^2)$

(2) $-3(-2x^2+3xy-4y^2)-5(-2x^2+3xy+y^2)$

**CHALLENGE** $A=2x^2-3xy+7z,\ B=3x^2-4xy+8z,\ C=-x^2-3xy+2z$
であるとき，$3(A-B+2C)-(3A+B-4C)$ を計算せよ。

---

HINT $A, B, C$ のまま計算し，式を簡単にしてから代入しよう！

✔ CHECK
**07講で学んだこと**

□ たされる数とたす数，かけられる数とかける数を入れかえてもOK！（交換法則）
□ 計算の順番を変えてもOK！（結合法則）
□ $a(b+c)=ab+ac,\ (a+b)c=ac+bc$（分配法則）
□ 分配法則でかっこをはずし，同類項をまとめる。

# 08講　展開を要領よくできるようになろう！
# 分配法則・乗法公式

▶ ここからはじめる　多項式の積において，分配法則を用いて単項式の和の形に表すことを「展開する」といい，このうちよく出てくる形のものは「乗法公式」として公式化されています。ここでは，乗法公式を用いて効率良く展開することを学びます。

## POINT 1 　分配法則〜かっこをはずす，かっこでくくることができる〜

右の図のような長方形の面積は，

(1)　横が $a+b$, 縦が $c$ の長方形の面積（$(a+b)\times c$, $c\times(a+b)$）

として求めることもできますし，

(2)　横が $a$, 縦が $c$ の長方形の面積と横が $b$, 縦が $c$ の長方形の面積

の和（$a\times c+b\times c$）

として求めることもできることから，次が成り立ちます。

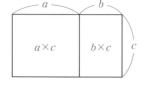

(i)　$(a+b)\times c=a\times c+b\times c$　　(ii)　$c\times(a+b)=c\times a+c\times b$

この「分配法則」は，負の数を含む計算においても成り立つことが知られています。

## POINT 2 　乗法公式〜よく出てくる形は公式化して効率良く計算しよう〜

公式　乗法公式

**1** $(x+a)(x+b)=x^2+(a+b)x+ab$　　**2** $(x+a)^2=x^2+2ax+a^2$

**3** $(x-a)^2=x^2-2ax+a^2$　　**4** $(x+a)(x-a)=x^2-a^2$

例えば，**1** は次のように証明できます。

$(x+a)(x+b)=x^2+bx+ax+ab$ ⎤ 同類項をまとめた
$\qquad\qquad\quad=x^2+\underset{和}{(a+b)}x+\underset{積}{ab}$ ⎦

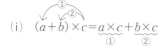

例　(1)　$(x+3)(x-5)=x^2+(3-5)x+3\times(-5)=x^2-2x-15$

(2)　$(x+3)^2=x^2+2\times3\times x+3^2=x^2+6x+9$　◀── **2** で $a=3$

(3)　$(x+2)(x-2)=x^2-2^2=x^2-4$　◀── **4** で $a=2$

例題

次の式を展開せよ。

**1**　$(x-2)(x-7)$　　　**2**　$(x-5)^2$　　　**3**　$(x+3)(x-3)$

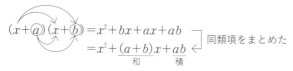

**1**　$(x-2)(x-7)=x^2-\boxed{\phantom{ア}}x+\boxed{\phantom{イ}}$　　**2**　$(x-5)^2=x^2-\boxed{\phantom{ウ}}x+\boxed{\phantom{エ}}$

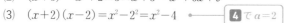

**3**　$(x+3)(x-3)=x^2-\boxed{\phantom{オ}}$

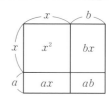

**1** 乗法公式 **2**〜**4** を展開して証明せよ。

(1) $(x+a)^2 = (x+a)(x+a)$

(2) $(x-a)^2 = (x-a)(x-a)$

(3) $(x+a)(x-a)$

**2** 次の式を展開せよ。

(1) $(x-4)(x-5)$

(2) $(x+5)^2$

(3) $(x-7)^2$

(4) $(x+6)(x-6)$

 次の式を展開せよ。

(1) $(x+2y)(x-3y)$

(2) $(2x+3)^2$

(3) $(5x-2y)^2$

(4) $(-3a+2b)(-3a-2b)$

HINT ⑴ **1** で $a$ を $2y$, $b$ を $-3y$ とみる！ ⑵ **2** で $x$ を $2x$, $a$ を $3$ とみる！ ⑶ **3** で $x$ を $5x$, $a$ を $2y$ とみる！ ⑷ **4** で $x$ を $-3a$, $a$ を $2b$ とみる！

 ✔ CHECK
08講で学んだこと

☐ 分配法則：$(a+b) \times c = ac+bc$, $c \times (a+b) = ac+bc$
☐ $(x+a)(x+b) = x^2 + (a+b)x + ab$
☐ $(x+a)^2 = x^2 + 2ax + a^2$, $(x-a)^2 = x^2 - 2ax + a^2$
☐ $(x+a)(x-a) = x^2 - a^2$

## 09講 単項式の積について深く学んでいこう！
# 単項式の乗法・指数法則

▶ ここからはじめる 今回は，単項式の積について学習していきます。文字$a$をかけ合わせたものを$a$の「累乗」といい，例えば$a\times a\times a$を$a^3$と表します。また，この「3」のことを「指数」といいます。指数について成り立つ法則についても学習します。

## POINT 1 単項式の乗法は，係数どうし，同じ文字どうしの積を計算する！

（単項式）×（単項式）は，係数の積と同じ文字の積をそれぞれ求めて，それらをかけ合わせます。

$$\begin{aligned}-3x^2y\times 2x^3y^2&=(-3\times x\times x\times y)\times(2\times x\times x\times x\times y\times y)\\&=(-3\times 2)\times\underbrace{(x\times x\times x\times x\times x\times y\times y\times y)}_{(x\times x\times x\times x\times x)\times(y\times y\times y)}\\&=-6x^5y^3\end{aligned}$$

## POINT 2 指数法則を使いこなして，単項式の積を計算しよう！

累乗の計算ではどんな法則が成り立つか考えてみましょう！

1 $a^2\times a^3=(a\times a)\times(a\times a\times a)=a^{2+3}=a^5$
2 $(a^2)^3=a^2\times a^2\times a^2=a^{2\times 3}=a^6$
3 $(ab)^3=ab\times ab\times ab=(a\times a\times a)\times(b\times b\times b)=a^3b^3$

これらをまとめると，次のことがわかります。

公式 （指数法則）

$m, n$ は正の整数とする。

1 $a^m a^n=a^{m+n}$　　2 $(a^m)^n=a^{mn}$　　3 $(ab)^n=a^n b^n$

$$\begin{aligned}(4xy^3)^2\times(-7x^4y^2)&=4^2\cdot x^2\cdot(y^3)^2\times(-7)x^4y^2\\&=16x^2y^6\times(-7)x^4y^2\\&=\{16\cdot(-7)\}\cdot x^{2+4}\cdot y^{6+2}\\&=-112x^6y^8\end{aligned}$$

指数法則 3 ｜・｜は｜×｜と同じ意味！
指数法則 2
指数法則 1

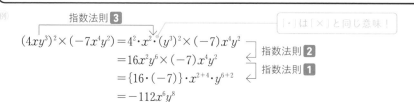

例題

次の式の計算をせよ。

1 $x^3\times x^5$　　2 $(x^3)^4$　　3 $(xy)^6$

1 $x^3\times x^5=x^{\boxed{}+\boxed{}}=x^{\boxed{}}$
2 $(x^3)^4=x^{\boxed{}\times\boxed{}}=x^{\boxed{}}$
3 $(xy)^6=x^{\boxed{}}y^{\boxed{}}$

演習

**1** 次の式を計算せよ。

(1) $a^2 \times a^7$

(2) $(a^5)^3$

(3) $(ab)^4$

**2** 次の式を計算せよ。

(1) $(x^2)^3 \times (2x)^2$

(2) $(-5a^2b)^3 \times (2ab^2)^2$

**CHALLENGE**

(1) $a^7 \div a^3$ を計算せよ。

(2) $m, n$ を正の整数 $(m > n)$ とするとき, $a^m \div a^n$ を計算せよ。

(3) $(-3a^3)^2 \times (2a)^3 \div a^5$ を計算せよ。

**HINT** (1) $a^7 \div a^3 = \dfrac{a^7}{a^3}$ ですね！ (2) (1)を参考に考えよう！ (3) $a^m a^n = a^{m+n}$, $(a^m)^n = a^{mn}$, $(ab)^n = a^n b^n$ に加えて(2)も使おう！

**✔ CHECK**
**09講で学んだこと**

□ 単項式の乗法は, 係数どうし, 同じ文字どうしの積を計算する。
□ $a^m a^n = a^{m+n}$
□ $(a^m)^n = a^{mn}$
□ $(ab)^n = a^n b^n$

## 10講　新しい展開公式は長方形を分割して考えてみよう！

# 新しい展開公式

▶ ここからはじめる　$(ax+b)(cx+d)$ と $(a+b+c)^2$ の展開について学習します！
文字が多くて複雑そうにみえますが，コツをつかめば大丈夫です。展開ができないと
因数分解はできません。しっかり展開できるようにしていきましょう！

### POINT 1　$(ax+b)(cx+d)$ の展開

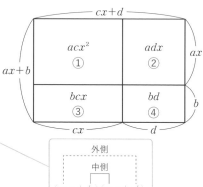

$$(ax+b)(cx+d) = \underset{①}{acx^2} + \underset{②}{adx} + \underset{③}{bcx} + \underset{④}{bd}$$

$$= \underset{\text{頭の積}}{acx^2} + \underset{\text{外と外 中と中}}{(ad+bc)x} + \underset{\text{しっぽの積}}{bd}$$

（例）
$$(2x+5)(4x+3) = \underset{\text{頭の積}}{2 \cdot 4x^2} + \underset{\text{外と外 中と中}}{(2 \cdot 3 + 5 \cdot 4)x} + \underset{\text{しっぽの積}}{5 \cdot 3}$$

$$= 8x^2 + 26x + 15$$

### POINT 2　$(a+b+c)^2$ の展開

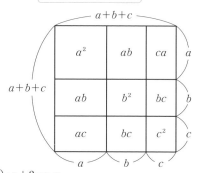

$a+b=X$ とおくと，

$$(a+b+c)^2 = (X+c)^2$$

> $X$ を $a+b$ に戻した！

$$= X^2 + 2Xc + c^2$$
$$= (a+b)^2 + 2(a+b)c + c^2$$
$$= (a^2+2ab+b^2) + 2ac + 2bc + c^2$$
$$= \underset{\text{2乗の和}}{a^2+b^2+c^2} + \underset{\text{積の2倍の和}}{2ab+2bc+2ca}$$

（例）
$$(x-2y+z)^2 = \underset{\text{2乗の和}}{x^2+(-2y)^2+z^2} + \underset{\text{積の2倍の和}}{2 \cdot x \cdot (-2y) + 2 \cdot (-2y) \cdot z + 2 \cdot z \cdot x}$$

$$= x^2 + 4y^2 + z^2 - 4xy - 4yz + 2zx$$

---

### 例題

次の式を展開せよ。

**1** $(3x-1)(x+5)$　　　　**2** $(3x-y-2z)^2$

........................................................................

**1** $(3x-1)(x+5) = \boxed{\phantom{ア}}x^2 + \boxed{\phantom{イ}}x - \boxed{\phantom{ウ}}$

**2** $(3x-y-2z)^2 = \left(\boxed{\phantom{エ}}\right)^2 + (-y)^2 + (-2z)^2 + 2 \cdot 3x \cdot (-y) + 2 \cdot \left(\boxed{\phantom{オ}}\right) \cdot (-2z)$

$$+ 2 \cdot (-2z) \cdot \boxed{\phantom{カ}}$$

$$= \boxed{\phantom{キ}}x^2 + y^2 + \boxed{\phantom{ク}}z^2 - \boxed{\phantom{ケ}}xy + \boxed{\phantom{コ}}yz - \boxed{\phantom{サ}}zx$$

**1** 次の式を展開せよ。

(1) $(2x-3)(4x-1)$

(2) $(5x-2)(7x+3)$

**2** 次の式を展開せよ。

(1) $(-a+3b+2c)^2$

(2) $(2x+3y-5)^2$

**CHALLENGE** 次の式を展開せよ。

(1) $(3x-5y)(2x+3y)$

(2) $(a-b+c)^2+(a+b-c)^2$

HINT (1) $y$ が入っても同じように考えよう！ (2) それぞれを展開して，同類項をまとめよう！

✔ CHECK
**10講で学んだこと**

□ $(ax+b)(cx+d)=acx^2+(ad+bc)x+bd$
□ $(a+b+c)^2=a^2+b^2+c^2+2ab+2bc+2ca$

Chapter **1**

数と式 ― 10講 ▼ 新しい展開公式

## 11講　因数分解は展開の逆！
# 因数分解(1)

▶ ここからはじめる　ある多項式を$(x+3y)(2a-b)$のようにいくつかの多項式の積の形で表すことを「因数分解する」といい，$x+3y$，$2a-b$を「因数」といいます。因数分解は，展開と逆の操作です。ここでは，共通因数や乗法公式を利用した因数分解を学習します。

## POINT 1　$ax+ay=a(x+y)$を利用して共通因数をくくり出す！

各項に共通する因数を**共通因数**といい，$ax+ay=a(x+y)$を利用し共通因数をくくり出します。

(例)
$$15ax+10ay=3\times5\times a\times x+2\times5\times a\times y$$
$$=5a(3x+2y)$$

共通因数はすべてくくり出す　　5と$a$が共通因数！

## POINT 2　公式を利用して因数分解しよう！

**公式**　因数分解の公式(1)

**1** $x^2+(a+b)x+ab=(x+a)(x+b)$　　**2** $x^2+2ax+a^2=(x+a)^2$

**3** $x^2-2ax+a^2=(x-a)^2$　　**4** $x^2-a^2=(x+a)(x-a)$

(例1)　$x^2+4x-12$ を因数分解せよ。

$x^2+\underline{(a+b)}x+\underline{ab}=(x+a)(x+b)$より，

$$\begin{cases} a+b=4 &\leftarrow\text{たして}4 \\ ab=-12 &\leftarrow\text{かけて}-12 \end{cases}$$

かけて$-12$に着目すると，

$$-12=1\times(-12)=2\times(-6)=3\times(-4)$$
$$=(-1)\times12=(-2)\times6=(-3)\times4$$

より，かけて$-12$になるのは上の6組になります。

この中でたして4になるのは，「$-2$と6」だから，

$$x^2+4x-12=(x-2)(x+6)$$

| かけて$-12$ | たして4 |
|---|---|
| 1, $-12$ | × |
| 2, $-6$ | × |
| 3, $-4$ | × |
| $-1$, 12 | × |
| $-2$, 6 | ○ |
| $-3$, 4 | × |

(例2)　$x^2-6x+9=x^2-2\times3\times x+3^2=(x-3)^2$　　**3**において，$a=3$の形！

(例3)　$x^2-16=x^2-4^2=(x+4)(x-4)$　　(2乗)$-$(2乗)は**4**を使う！

**例題**

次の式を因数分解せよ。

**1** $x^2-5x+6$　　　**2** $4x^2+12x+9$　　　**3** $25x^2-16y^2$

- - - - - - - -

**1** $x^2-5x+6=(x-2)\left(x-\boxed{^{ア}\phantom{0}}\right)$

**2** $4x^2+12x+9=(2x)^2+2\times2x\times\boxed{^{イ}\phantom{0}}+\boxed{\phantom{0}}^2=\left(\boxed{^{ウ}\phantom{0}}+\boxed{^{イ}\phantom{0}}\right)^2$

**3** $25x^2-16y^2=\left(\boxed{^{エ}\phantom{0}}\right)^2-\left(\boxed{^{オ}\phantom{0}}\right)^2=\left(\boxed{^{エ}\phantom{0}}+\boxed{\phantom{0}}\right)\left(\boxed{^{エ}\phantom{0}}-\boxed{\phantom{0}}\right)$

演習

**1** 次の式を因数分解せよ。

(1) $12ab^2 - 18a^2b$

(2) $6x^2y - 10xy^2 - 4xy$

**2** 次の式を因数分解せよ。

(1) $x^2 - 5x - 6$

(2) $x^2 + 12x + 36$

(3) $9x^2 - 24xy + 16y^2$

(4) $9a^2 - 4b^2$

CHALLENGE　次の式を因数分解せよ。

(1) $3x^3 + 6x^2 - 9x$

(2) $8x^2 - 18$

HINT　(1)(2) 共通因数でくくってから公式を使おう！

✓ CHECK
11講で学んだこと

□ 共通因数でくくる。
□ 公式を利用して因数分解する。

## 12講　たすきがけによる因数分解をマスターしよう！

# 因数分解(2)

▶ ここからはじめる　今回は，例えば $2x^2+3x-5$ のような 2 次式の因数分解について，その中でも特に「たすきがけ」とよばれる操作について学習します。試行錯誤する過程があるので少し大変ではありますが，ぜひマスターしましょう！

## POINT　たすきがけの因数分解

$x^2$ の係数が 1 でないとき，次のように因数分解を行います。

> **公式**
>
> 因数分解の公式(2)　たすきがけ
>
> $$acx^2+(ad+bc)x+bd=(ax+b)(cx+d)$$
>
>

（例）　$2x^2+3x-5$ の因数分解

$2x^2+3x-5=(ax+b)(cx+d)$ にしたいので，

$$ac=2,\ ad+bc=3,\ bd=-5$$

となる $a, b, c, d$ を求めればよいですね。

**手順1**　$ac=2,\ bd=-5$ となる $a, b, c, d$ を考える。

$\Rightarrow$　$(a, c)=(1, 2), (2, 1)$ ●―――（$-1, -2$）なども考えられるが，$a$ は正にしておく。

　　$(b, d)=(1, -5), (-1, 5), (5, -1), \cdots$

**手順2**　**手順1**の中から $ad+bc=3$ となる $a, b, c, d$ をみつける。

（ⅰ）$(a, c)=(1, 2), (b, d)=(1, -5)$

$$
\begin{array}{ccc}
1 & 1 & \longrightarrow 2 \\
2 & -5 & \longrightarrow -5 \\
\hline
& & -3 \quad \times
\end{array}
$$

（ⅱ）$(a, c)=(1, 2), (b, d)=(-1, 5)$

$$
\begin{array}{ccc}
1 & -1 & \longrightarrow -2 \\
2 & 5 & \longrightarrow 5 \\
\hline
& & 3 \quad \bigcirc
\end{array}
$$

　$ad+bc=-3$ となってしまったので失敗(>_<)

　符号が違うだけだから，マイナスを逆につければできそう！

　$ad+bc=3$ となり，$x$ の係数になったので成功(^^)

　　　$2x^2+3x-5=(ax+b)(cx+d)$

となる $a, b, c, d$ が $a=1, b=-1$，$c=2, d=5$ とわかったので，

　　　$2x^2+3x-5=(x-1)(2x+5)$ ●

と因数分解できます。

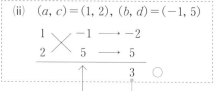

上の(ⅱ)の左の縦の部分に $x$ をつけて（ ）をつければ完成！

> （例）（題）
>
> 　　$3x^2-7x+2$ を因数分解せよ。
>
> ─────────────────
>
> 　　　$3x^2-7x+2$
> $=\left(x-\boxed{\phantom{ア}}\right)\left(\boxed{\phantom{イ}}\,x-\boxed{\phantom{ウ}}\right)$
>
>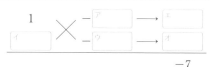
>
> $-7$

演 習

**1** 次の式を因数分解せよ。

(1) $3x^2+11x+10$

(2) $6x^2+x-2$

(3) $12x^2-17x-5$

(4) $4x^2-23x+15$

CHALLENGE 次の式を因数分解せよ。

(1) $12x^2-8xy-15y^2$

(2) $6x^2+28x-10$

HINT (1) $x$について整理して，$y$は数のつもりでやろう！ (2) 共通因数でくくってからたすきがけをやろう！

✔ CHECK
**12講**で学んだこと

□ たすきがけの因数分解

Chapter **1**

数と式 — 12講 ▾ 因数分解②

## 13講　平方根とは2乗すると□になる数！

# 平方根

### POINT 1　$a$の平方根は2乗すると$a$になる数

- $a$の平方根…2乗すると$a$になる数。

（例）　16の平方根は，2乗すると16になる数より，4と$-4$

> このように，$a$が正の数のとき，$a$の平方根は2つある。

### POINT 2　2乗すると$a$になる数のうち正の方は$\sqrt{a}$，負の方は$-\sqrt{a}$

「2の平方根（2乗すると2になる数）」は，1.41421356…と，$-1.41421356$…の2つになります。しかし，これだと表すのが大変なので，記号を使って，

$$\sqrt{2}（ルート2）と-\sqrt{2}（マイナスルート2）$$

> 　を根号という

と表すことにしました。つまり，$a$が正の数のとき，

$$aの平方根のうち正の数の方は\sqrt{a}，負の数の方は-\sqrt{a}$$

となります。

（例）　(1)　5の平方根は$\sqrt{5}$と$-\sqrt{5}$
　　　　(2)　9の平方根は3と$-3$
　　　　(3)　$\sqrt{3}$は2乗すると3になる正の数より，$(\sqrt{3})^2=3$
　　　　(4)　$-\sqrt{11}$は2乗すると11になる負の数より，$(-\sqrt{11})^2=11$

### POINT 3　$a$の2乗のルートは$a$

（例）　(2)に着目すると，2乗すると9になる数は確かに「3と$-3$」ですが，あえて根号を使って表すと，「$\sqrt{9}$と$-\sqrt{9}$」ですね。だから，

$$\sqrt{9}=3, \quad -\sqrt{9}=-3$$

が成り立ちます！　つまり，

$$\sqrt{9}=\sqrt{3^2}=3$$

> $\sqrt{3^2}$は2乗して$3^2$になる正の数だから，3になる

であり，「$\sqrt{a^2}$の形」は$\sqrt{\phantom{a}}$をはずすことができます！　すなわち，

$$a>0 \text{ のとき，} \sqrt{a^2}=a$$

---

（例題）

❶　13の平方根を求めよ。
❷　$\sqrt{(-7)^2}$を根号を使わずに表せ。

- - - - - - - - - - - - - - - - - - - - - - - - - - - - - - - - - - -

❶　2乗すると13になる数だから，$\boxed{\phantom{ア}}$と$-\boxed{\phantom{イ}}$
❷　$\sqrt{(-7)^2}=\sqrt{\boxed{\phantom{ウ}}}=\sqrt{\boxed{\phantom{エ}}^2}=\boxed{\phantom{オ}}$

---

演習

**1** 次の数の平方根を求めよ。

(1) 81　　　　(2) 0.25　　　(3) $\dfrac{81}{25}$　　　(4) 7　　　(5) $\dfrac{3}{5}$

**2** 次の数を根号を使わずに表せ。

(1) $(\sqrt{5})^2$　　　　　(2) $(-\sqrt{5})^2$　　　　　(3) $\sqrt{5^2}$

(4) $\sqrt{(-5)^2}$　　　　(5) $-\sqrt{5^2}$

**CHALLENGE** 次の問いに答えよ。

(1) $\sqrt{11}$ と $\sqrt{13}$ の大小を求めよ。

(2) $8$ と $\sqrt{63}$ の大小を求めよ。

(3) $3<\sqrt{x}<4$ をみたす自然数 $x$ の個数を求めよ。

‥‥
HINT　(1) $0<a<b$ のとき，$\sqrt{a}<\sqrt{b}$　(2) 8を $\sqrt{\ }$ で表して大小を比べよう！　(3) 3と4を $\sqrt{\ }$ で表して考えてみよう！

✓ **CHECK**
**13講で学んだこと**

□ $a$ の平方根は2乗すると $a$ になる数。
□ $a$ の平方根のうち正の数の方は $\sqrt{a}$，負の数の方は $-\sqrt{a}$
□ $a>0$ のとき，$\sqrt{a^2}=a$

**14講**　$\sqrt{\phantom{x}}$ を含む式のかけ算・わり算は $\sqrt{\phantom{x}}$ の中身の計算がポイント！

# 根号を含む式の計算(1)

▶ ここからはじめる　今回は，根号を含む式のかけ算とわり算について学習していきます。$(\sqrt{2}\times\sqrt{3})^2=(\sqrt{2})^2\times(\sqrt{3})^2=2\times3$ より，$\sqrt{2}\times\sqrt{3}$ は2乗すると $2\times3$ になる正の数 $\sqrt{2\times3}$ と等しいですね！　よって，$\sqrt{2}\times\sqrt{3}=\sqrt{2\times3}$ が成り立ちます。

## POINT 1 $\sqrt{\phantom{x}}$ どうしのかけ算は，中身どうしをかけたものに $\sqrt{\phantom{x}}$ をつけたもの！

（例）$\sqrt{3}\times\sqrt{5}$ は，
$$\sqrt{3}\times\sqrt{5}=\sqrt{3\times5}=\sqrt{15}$$
のように計算することができます。つまり，$a>0,\ b>0$ のとき，
$$\sqrt{a}\times\sqrt{b}=\sqrt{a\times b}=\sqrt{ab}$$

## POINT 2 $\sqrt{\phantom{x}}$ どうしのわり算は，中身を計算したものに $\sqrt{\phantom{x}}$ をつけたもの！

（例）$\sqrt{6}\div\sqrt{2}$ は，
$$\sqrt{6}\div\sqrt{2}=\frac{\sqrt{6}}{\sqrt{2}}=\sqrt{\frac{6}{2}}=\sqrt{3}$$
のように計算することができます。つまり，$a>0,\ b>0$ のとき，
$$\sqrt{a}\div\sqrt{b}=\frac{\sqrt{a}}{\sqrt{b}}=\sqrt{\frac{a}{b}}$$

## POINT 3 $\sqrt{\phantom{x}}$ の中身を簡単（小さい数）にしよう！

$$3\sqrt{2}=\sqrt{3^2}\times\sqrt{2}=\sqrt{3^2\times2}=\sqrt{18} \quad\cdots(*)$$
のように，根号の中の数が，ある数の2乗との積になっているときは，$(*)$ と逆の変形ができます。
　例えば，$\sqrt{18}$ は，次のように $\sqrt{\phantom{x}}$ の中を簡単にできます。
$$\sqrt{18}=\sqrt{3^2\times2}=\sqrt{3^2}\times\sqrt{2}=3\sqrt{2}$$
よって，$\sqrt{\phantom{x}}$ の中を素因数分解して，2乗の数がみつかれば，
$$\sqrt{a^2b}=a\sqrt{b}\quad(a>0,\ b>0)$$
を利用して，$\sqrt{\phantom{x}}$ の中を小さい数にすることができます。

---

### 例題

次の数を計算せよ。

**1** $\sqrt{7}\times(-\sqrt{6})$ 　　　　　　　**2** $\sqrt{35}\div\sqrt{\dfrac{5}{7}}$

---

**1** $\sqrt{7}\times(-\sqrt{6})=-\sqrt{\boxed{\phantom{ア}}\times6}=-\sqrt{\boxed{\phantom{イ}}}$

**2** $\sqrt{35}\div\sqrt{\dfrac{5}{7}}=\sqrt{\boxed{\phantom{ウ}}\div\dfrac{5}{7}}=\sqrt{\boxed{\phantom{ウ}}\times\dfrac{\boxed{\phantom{エ}}}{\boxed{\phantom{オ}}}}=\sqrt{\boxed{\phantom{カ}}}=\boxed{\phantom{キ}}$

**1** 次の計算をせよ。

(1) $\sqrt{6} \times \sqrt{11}$

(2) $\sqrt{5} \times (-\sqrt{2}) \times (-\sqrt{3})$

(3) $(-\sqrt{39}) \div \sqrt{3}$

(4) $\sqrt{24} \div \sqrt{\dfrac{4}{5}}$

**2** 次の数を変形して，$\sqrt{\phantom{0}}$ の中をできるだけ小さい自然数にせよ。

(1) $\sqrt{125}$

(2) $\sqrt{96}$

(3) $\sqrt{180}$

**CHALLENGE** 次の計算をせよ。

(1) $\sqrt{12} \times \sqrt{18}$

(2) $\sqrt{45} \div \sqrt{60}$

(3) $\sqrt{42} \div (-\sqrt{3}) \div \sqrt{7}$

\\ ｜ /／
HINT (1) かけ算だけのときは，まず $\sqrt{\phantom{0}}$ の中をできるだけ小さい自然数にしよう！ (2)(3) $\sqrt{\phantom{0}}$ の中を簡単にする前に，$\sqrt{\phantom{0}}$ の中身どうしの計算を先に行おう！

**✔ CHECK**
**14講で学んだこと**

□ $a > 0,\ b > 0$ のとき，$\sqrt{a} \times \sqrt{b} = \sqrt{a \times b} = \sqrt{ab}$

□ $a > 0,\ b > 0$ のとき，$\sqrt{a} \div \sqrt{b} = \dfrac{\sqrt{a}}{\sqrt{b}} = \sqrt{\dfrac{a}{b}}$

□ $a > 0,\ b > 0$ のとき，$\sqrt{a^2 b} = a\sqrt{b}$

縦書き右欄： Chapter 1　数と式　—　14講 ▼ 根号を含む式の計算(1)

# 15講　分母の√をなくそう！
## 分母の有理化

▶ ここからはじめる　ここでは，分母に根号を含む数の「分母の有理化」について学習します。例えば，$\dfrac{1}{\sqrt{2}}$ は 1 を $\sqrt{2}(=1.41421356\cdots)$ でわった数で，そのままでは具体的な値をイメージしにくいのですが，分母の有理化を行うと一気に具体的な値がみえてきます。

## POINT 1　$\dfrac{n}{\sqrt{a}}$ の形の分母の有理化は $\sqrt{a}$ を分母・分子にかけよう

分母に√を含む数を，分母に√を含まない形に変えることを**分母の有理化**といいます。$\dfrac{n}{\sqrt{a}}$ の形は，$\sqrt{a}$ を分母と分子にかけることで分母の有理化ができます。

例　$\dfrac{3}{\sqrt{2}}=\dfrac{3\times\sqrt{2}}{\sqrt{2}\times\sqrt{2}}=\dfrac{3\sqrt{2}}{2}$

> 分母と分子に $\sqrt{2}$ という同じ数をかけても値は変わらない。

> $\sqrt{2}\times\sqrt{2}=(\sqrt{2})^2=2$

## POINT 2　分母が平方根の和や差のときは $(a+b)(a-b)=a^2-b^2$ を利用する

分母が平方根の和や差で表されているときは，
$$(a+b)(a-b)=a^2-b^2$$
を利用して分母の有理化ができます。

例　$\dfrac{1}{\sqrt{5}+\sqrt{3}}=\dfrac{1\times(\sqrt{5}-\sqrt{3})}{(\sqrt{5}+\sqrt{3})\times(\sqrt{5}-\sqrt{3})}$

> 分母と分子に $\sqrt{5}-\sqrt{3}$ をかける！

$\qquad=\dfrac{\sqrt{5}-\sqrt{3}}{(\sqrt{5})^2-(\sqrt{3})^2}$

> $(\sqrt{5}+\sqrt{3})(\sqrt{5}-\sqrt{3})$
> $=(\sqrt{5})^2-(\sqrt{3})^2$
> $=5-3=2$

$\qquad=\dfrac{\sqrt{5}-\sqrt{3}}{2}$

### 例題

次の式の分母を有理化せよ。

1　$\dfrac{6\sqrt{5}}{\sqrt{3}}$　　　　2　$\dfrac{2}{\sqrt{5}-1}$

---

1　$\dfrac{6\sqrt{5}}{\sqrt{3}}=\dfrac{6\sqrt{5}\times\sqrt{\boxed{\phantom{x}}}}{\sqrt{3}\times\sqrt{\boxed{\phantom{x}}}}=\dfrac{6\sqrt{\boxed{\phantom{x}}}}{\boxed{\phantom{x}}}=\boxed{\phantom{x}}\sqrt{\boxed{\phantom{x}}}$

2　$\dfrac{2}{\sqrt{5}-1}=\dfrac{2\times\left(\sqrt{\boxed{\phantom{x}}}+\boxed{\phantom{x}}\right)}{(\sqrt{5}-1)\times\left(\sqrt{\boxed{\phantom{x}}}+\boxed{\phantom{x}}\right)}=\dfrac{2\left(\sqrt{\boxed{\phantom{x}}}+\boxed{\phantom{x}}\right)}{\left(\sqrt{\boxed{\phantom{x}}}\right)^2-\boxed{\phantom{x}}^2}$

$\qquad=\dfrac{2\left(\sqrt{\boxed{\phantom{x}}}+\boxed{\phantom{x}}\right)}{\boxed{\phantom{x}}}=\sqrt{\boxed{\phantom{x}}}+\dfrac{\boxed{\phantom{x}}}{\boxed{\phantom{x}}}$

例題の解答　1 3 15 3 2 2 5 1 4 2

**1** 次の式の分母を有理化せよ。

(1) $\dfrac{1}{\sqrt{7}}$　　　　　(2) $\dfrac{\sqrt{3}}{2\sqrt{5}}$　　　　　(3) $\dfrac{12\sqrt{7}}{\sqrt{3}}$

**2** 次の式の分母を有理化せよ。

(1) $\dfrac{1}{\sqrt{5}-\sqrt{7}}$　　　　　(2) $\dfrac{3}{\sqrt{7}+2}$

**CHALLENGE**　　　次の式の分母を有理化せよ。

(1) $\dfrac{5}{\sqrt{75}}$　　　　　(2) $\dfrac{6}{3+\sqrt{27}}$

(3) $\dfrac{\sqrt{3}}{\sqrt{12}-\sqrt{8}}$

HINT　(1) $\sqrt{\phantom{x}}$ の中をできるだけ小さい自然数にしてから有理化しよう！　(2)(3) $\sqrt{\phantom{x}}$ の中をできるだけ小さい自然数にして考えよう！

✔ **CHECK**
**15講で学んだこと**

□ $\dfrac{n}{\sqrt{a}}$ の形は，分母と分子に $\sqrt{a}$ をかけることで有理化をする。

□ 分母が平方根の和や差で表されているときは，$(a+b)(a-b)=a^2-b^2$ を利用する。

## 16講 √ を含む式のたし算・ひき算は同類項をまとめるのと同じ要領！

# 根号を含む式の計算(2)

▶ ここからはじめる $(\sqrt{2}+\sqrt{3})^2=(\sqrt{2})^2+2\times\sqrt{2}\times\sqrt{3}+(\sqrt{3})^2=5+2\sqrt{6}$, $(\sqrt{2+3})^2=(\sqrt{5})^2=5$ となり, 異なる値になるので $\sqrt{2}+\sqrt{3}$ は $\sqrt{2+3}$ と計算できないことがわかります。$\sqrt{2}+\sqrt{3}$ はこれ以上計算できませんが, 同じ数の平方根はまとめることができます。

### POINT 1　$m\sqrt{a}+n\sqrt{a}=(m+n)\sqrt{a}$, $m\sqrt{a}-n\sqrt{a}=(m-n)\sqrt{a}$

同じ数の平方根を含んだ式は, 同類項をまとめるときと同様にして簡単にすることができます。

例1
$$2\sqrt{3}+5\sqrt{3}=(2+5)\sqrt{3}$$
$$=7\sqrt{3}$$

> $\sqrt{3}$ を $x$ とすると, $2\sqrt{3}+5\sqrt{3}=2x+5x$
> $=(2+5)x$
> $=7x$

このように, 同じ数の平方根を含む式は, 同じ数の平方根を1つの文字のように考えて計算することがポイントです！

例1 ではたし算を扱いましたが, ひき算の場合も同じようにできます。

例2
$$2\sqrt{5}+4\sqrt{2}+4\sqrt{5}-3\sqrt{2}$$
$$=2\sqrt{5}+4\sqrt{5}+4\sqrt{2}-3\sqrt{2}$$
$$=(2+4)\sqrt{5}+(4-3)\sqrt{2}$$
$$=6\sqrt{5}+\sqrt{2}$$

> $\sqrt{5}$ を $a$, $\sqrt{2}$ を $b$ とすると,
> $2\sqrt{5}+4\sqrt{5}+4\sqrt{2}-3\sqrt{2}$
> $=2a+4a+4b-3b$
> $=6a+b$

### POINT 2　平方根の四則演算を正確にできるようになろう

**手順1**　√ の中をできるだけ小さい自然数にする。
（わり算の場合は先に √ の中を計算する。）

**手順2**　分母に √ がある場合, 分母の有理化をしてから計算する。

**手順3**　計算は, かっこの中 ⇒ 乗除 ⇒ 加減 の順に計算する。
（分配法則や乗法公式が利用できる場合は利用する。）

例
$$(3\sqrt{2}+1)^2-\sqrt{18}=(3\sqrt{2})^2+2\times3\sqrt{2}\times1+1^2-\sqrt{3^2\times2}$$
$$=18+6\sqrt{2}+1-3\sqrt{2}$$
$$=19+3\sqrt{2}$$

#### 例題

$\sqrt{6}\div\sqrt{2}-\dfrac{9}{\sqrt{3}}$ を計算せよ。

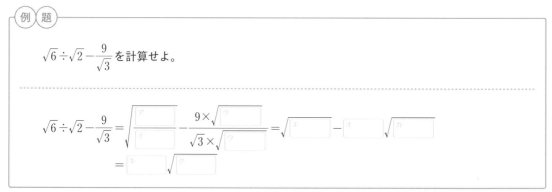

$$\sqrt{6}\div\sqrt{2}-\frac{9}{\sqrt{3}}=\sqrt{\frac{\boxed{ア}}{\boxed{イ}}}-\frac{9\times\sqrt{\boxed{ウ}}}{\sqrt{3}\times\sqrt{\boxed{エ}}}=\sqrt{\boxed{オ}}-\boxed{カ}\sqrt{\boxed{キ}}$$
$$=\boxed{ク}\sqrt{\boxed{ケ}}$$

**1** 次の計算をせよ。

(1) $\sqrt{75} - 4\sqrt{3} + \sqrt{12}$

(2) $\dfrac{8}{\sqrt{2}} - \sqrt{32}$

**2** 次の計算をせよ。

(1) $3\sqrt{3}(\sqrt{18} - \sqrt{12})$

(2) $\dfrac{8}{\sqrt{6}} - \dfrac{5\sqrt{3}}{2} \times \dfrac{\sqrt{8}}{3}$

(3) $(2+\sqrt{6})(\sqrt{2}+\sqrt{3}) - 3\sqrt{2}$

(4) $(\sqrt{5} + 3\sqrt{2})(\sqrt{5} - 3\sqrt{2})$

**CHALLENGE** $x+y=\sqrt{5}$, $xy=-2\sqrt{6}$ のとき，$x^2 - 2xy + y^2$ の値を求めよ。

\\ ¦ /
HINT $x^2 - 2xy + y^2$ を $x+y$ と $xy$ で表すことを考えよう！！

**✔ CHECK**
**16講で学んだこと**

☐ $a > 0$ のとき，$m\sqrt{a} + n\sqrt{a} = (m+n)\sqrt{a}$，$m\sqrt{a} - n\sqrt{a} = (m-n)\sqrt{a}$
☐ 平方根の四則演算は，
　$\sqrt{\phantom{0}}$ の中の数を小さくする→有理化→かっこの中→乗除→加減
　の順に行う。

## 17講　1次方程式を解くときは移項がポイント！

# 1次方程式

▶ ここからはじめる　$3x+5=17$ は $x=4$ のときに「＝」が成り立ちますが, 他の値では成り立ちません。このように, 文字の値が特別な値のときにのみ成り立つ等式を方程式といいます。$x=4$ をどのように求めるのかを学習していきましょう！

## 1次方程式の解き方をマスターしよう！

$3x+5=17$ の $x=4$ のように**方程式を成り立たせる文字の値**を, その方程式の解といい, **その解を求めること**を「方程式を解く」といいます。方程式を解くには, 次の性質を使います。

---

**公式**　　**等式の性質**

$A=B$ のとき,

**1** $A+C=B+C$　　**2** $A-C=B-C$　　**3** $A\times C=B\times C$

**4** $A\div C=B\div C\ (C\neq0)$　　**5** $B=A$

---

例
$$3x+5=17 \qquad \cdots(ア)$$
**2** 両辺から 5 をひく
$$3x+5-5=17-5$$
$$3x=17-5 \qquad \cdots(イ)$$
$$3x=12$$
**4** 両辺を 3 でわる
$$x=4$$

$x=4$ がこの方程式の解ですが, 注目してほしい式変形があります。

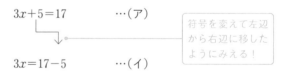

の両辺から 5 をひいた結果,

$$3x+5=17 \qquad \cdots(ア)$$

符号を変えて左辺から右辺に移したようにみえる！

$$3x=17-5 \qquad \cdots(イ)$$

となりました。結果的に,

　　　　**式(イ)の「$-5$」は, 式(ア)の左辺の「$+5$」が符号を変えて右辺に移った形**

になっています。このように, 等式では一方の辺の項を, 符号を変えて, 他方の辺に移すことができます。このことを「**移項する**」といいます。

---

例 題

方程式 $5x-14=3x+2$ を解け。

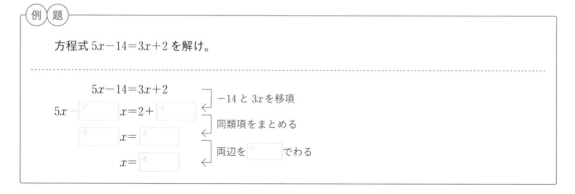

$$5x-14=3x+2$$
$-14$ と $3x$ を移項
$$5x-\boxed{\phantom{ア}}\,x=2+\boxed{\phantom{イ}}$$
同類項をまとめる
$$\boxed{\phantom{ウ}}\,x=\boxed{\phantom{エ}}$$
両辺を $\boxed{\phantom{オ}}$ でわる
$$x=\boxed{\phantom{カ}}$$

---

**1** 次の方程式を解け。

(1) $x-5=-8$

(2) $8x=5x-24$

(3) $5x+35=-2x$

(4) $3x+15=-2x+25$

CHALLENGE　次の方程式を解け。

(1) $3(x-2)-2(-x+6)=11$

(2) $0.2x-0.24=0.17x$

(3) $\dfrac{x-2}{3}=\dfrac{3}{2}x-3$

(4) $400x-500=-200x+300$

HINT　(1) 分配法則を利用してかっこをはずしてから計算しよう！　(2) 両辺を 100 倍して，係数や定数項を整数にしよう。　(3) 3 と 2 の最小公倍数の 6 を両辺にかけて分母を払ってから計算しよう！　(4) 両辺を 100 でわって，係数や定数項の絶対値を小さくしよう。

✔ CHECK
**17講で学んだこと**

□ 文字の値が特別な値のときのみに成り立つ等式を方程式という。
□ 方程式を成り立たせる文字の値を解という。
□ 解を求めることを「方程式を解く」という。
□ 等式では一方の辺の項を，符号を変えて，他方の辺に移すことができる（移項）。

## 18講　連立方程式は加減法か代入法で解く！
# 連立方程式

▶ ここからはじめる　$\begin{cases} x+y=5 & \cdots① \\ 3x+2y=8 & \cdots② \end{cases}$ のように、2つ以上の方程式を組にしたものを連立方程式といいます。今回はこの連立方程式の解き方を学習していきます。

$$\begin{cases} x+y=5 & \cdots① \\ 3x+2y=8 & \cdots② \end{cases}$$

### POINT 1 加減法（2式をたしたりひいたりして1つの文字を消去する）

連立方程式のどの方程式も成り立たせる文字の値の組を連立方程式の**解**といい、連立方程式の解を求めることを「連立方程式を解く」といいます。

②−①×2より、

$$\begin{array}{r} 3x+2y=8 \quad \leftarrow ② \\ -)\ 2x+2y=10 \quad \leftarrow ①×2 \\ \hline x \quad\quad =-2 \end{array}$$

$y$の係数の絶対値を2でそろえた！

$x=-2$ を①に代入して、
$-2+y=5$　すなわち、　$y=5+2=7$
よって、$(x, y)=(-2, 7)$

今回のように、1つの文字の**係数の絶対値を等しく**して、2式をたしたりひいたりして1つの文字を消去し連立方程式を解く方法を**加減法**といいます。

### POINT 2 代入法（代入によって1つの文字を消去する）

①より、$y=5-x\cdots①'$であるから、これを②に代入して、
$$3x+2(5-x)=8$$
$$x=-2$$
①'より、$y=5-(-2)=7$ であるから、求める組$(x, y)$は、$(x, y)=(-2, 7)$
このように、**代入によって1つの文字を消去**して連立方程式を解く方法を**代入法**といいます。

### 例題

連立方程式 $\begin{cases} 2x+3y=3 & \cdots① \\ -3x+5y=-14 & \cdots② \end{cases}$ を解け。

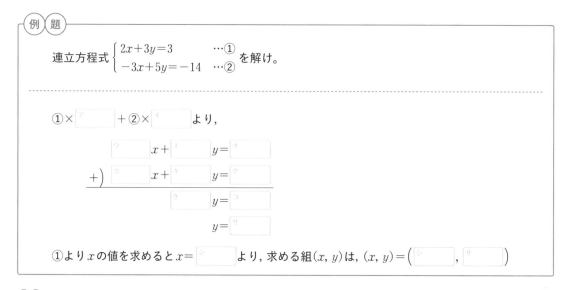

①×[ア　]＋②×[イ　]より、

$$\begin{array}{r} [ウ]x+[エ]y=[オ] \\ +)\ [カ]x+[キ]y=[ク] \\ \hline [ケ]y=[コ] \\ y=[サ] \end{array}$$

①より$x$の値を求めると$x=$[シ　]より、求める組$(x, y)$は、$(x, y)=\left([シ]\ ,\ [サ]\right)$

**1** 次の連立方程式を解け。

(1) $\begin{cases} 4x + 3y = 10 \\ 3x - 5y = -7 \end{cases}$

(2) $\begin{cases} 3x + y = 2 \\ x + 3y = 14 \end{cases}$

**CHALLENGE** 次の連立方程式を解け。

(1) $\begin{cases} 4(x-2) + 5(y-1) = x \\ 2(x-2y) + 5y = -3 \end{cases}$

(2) $\begin{cases} \dfrac{2}{3}x - \dfrac{1}{4}y = \dfrac{7}{12} \\ \dfrac{5}{6}x - \dfrac{1}{2}y = \dfrac{5}{3} \end{cases}$

HINT （1）分配法則を利用してかっこをはずして整理しよう！　（2）上の式であれば，3と4と12の最小公倍数12をかけて分母を払って考えよう（下の式も同じように考える）。

**CHECK
18講で学んだこと**

☐ 1つの文字の係数の絶対値を等しくして，2式をたしたりひいたりして1つの文字を消去し連立方程式を解く方法を加減法という。
☐ 代入によって1つの文字を消去して連立方程式を解く方法を代入法という。

# 19講　不等式は両辺を負の数でわると不等号の向きが変わる！

# 1次不等式

▶ここからはじめる　移項して整理すると（1次式）>0,（1次式）<0,（1次式）≧0,（1次式）≦0 の形に変形できる不等式を 1次不等式といいます。今回は不等式の性質を学び、それを利用して 1次不等式を解く方法を学習します！

## POINT 1　不等式の性質

$x$ についての不等式をみたす $x$ の値の範囲をその不等式の**解**といい、解を求めることを、その「**不等式を解く**」といいます。

例1 のように、不等式は両辺に同じ数をたしても両辺から同じ数をひいても不等号の向きが変わらないから不等式も等式と同じように**移項ができます**。

例2 のように、不等式は、両辺に同じ正の数をかけたり、両辺を同じ正の数でわったりしても不等号の向きは変わりません。

例1　(i) $6<8$
(ii) $6+3<8+3$
(iii) $6-2<8-2$

例2　(i) $6<8$
(ii) $6\times3<8\times3$ $\times3$
(iii) $\dfrac{6}{2}<\dfrac{8}{2}$ $\div2$

しかし、例3 のように、両辺に同じ負の数をかけたり同じ負の数でわったりすると、右の例のように、不等号の向きが変わります。これが不等式の最大のポイントです。

例3　(i) $6<8$
(ii) $6\times(-3)>8\times(-3)$ $\times(-3)$
(iii) $\dfrac{6}{-2}>\dfrac{8}{-2}$ $\div(-2)$

## POINT 2　1次不等式の解き方

例　不等式 $3x-5\geqq9x+7$ を解け。

$3x-5\geqq9x+7$
$3x-9x\geqq7+5$ ← $9x$ と $-5$ を移項
$-6x\geqq12$ ← $3x-9x$ と $7+5$ を計算
$x\leqq-2$ ← 両辺を $-6$ でわる（不等号の向きが逆になる）

$3x-5$ が $9x+7$ 以上となるのは、$x$ が $-2$ 以下のときだということがわかりました。

### 例題

不等式 $-5x+2<-2x-4$ を解け。

$-5x+2<-2x-4$
$-5x+\boxed{ア}x<-4-\boxed{イ}$
$\boxed{ウ}x<\boxed{エ}$
$x\boxed{オ}2$

例題の解答　ア 2　イ 2　ウ -3　エ -6　オ >

**1** 次の不等式を解け。

(1) $x+3 \leqq -4$

(2) $x-9 \geqq 2x$

(3) $-x+5 < 3x+1$

(4) $3x+5 > -x+3$

**CHALLENGE** 次の不等式を解け。

(1) $3x+2(7-5x) < 2x-13$

(2) $\dfrac{7x-3}{3} - \dfrac{4x+1}{4} \leqq -x - \dfrac{2}{3}$

HINT (1) 分配法則を利用してかっこをはずしてから計算しよう！　(2) 3と4の最小公倍数の12をかけて分母を払ってから計算しよう！

**✓ CHECK**
**19講で学んだこと**

□ $a < b$ ならば $a+c < b+c, \ a-c < b-c$

□ $a < b, c > 0$ ならば $ac < bc, \ \dfrac{a}{c} < \dfrac{b}{c}$

□ $a < b, c < 0$ ならば $ac > bc, \ \dfrac{a}{c} > \dfrac{b}{c}$

# 20講 連立不等式はそれぞれの不等式を解き共通範囲を求める！

# 連立不等式

▶ ここからはじめる　2つ以上の不等式を組み合わせたものを連立不等式といいます。今回は連立不等式の解き方について学習します。難しくみえるかもしれませんが，それぞれの不等式を解いて共通範囲を求めればよいので意外とシンプルですよ！

## 連立不等式（それぞれの不等式を解き，共通範囲を求める）

連立不等式をすべてみたす $x$ の値の範囲をその連立不等式の**解**といいます。

連立不等式は，

**それぞれの不等式を解き，それらの解の共通範囲を求める**

ことで，解くことができます。

〔例〕　次の連立不等式を解け。

$$\begin{cases} 2x+12 \leqq 5x & \cdots ① \\ 6x-2 < 5x+4 & \cdots ② \end{cases}$$

①より，

$-3x \leqq -12$

$x \geqq 4$ 　　　　…①′

②より，

$x < 6$ 　　　　…②′

①′と②′の共通範囲が解より，

$4 \leqq x < 6$

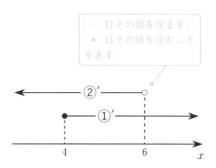

「○」はその値を含まず，「●」はその値を含むことを表す。

## 例題

次の連立不等式を解け。

$-7x+3 \leqq 3x+13 \leqq 4x+17$ 　　　…（＊）

--------

（＊）より，

$$\begin{cases} -7x+3 \leqq 3x+13 & \cdots ① \\ 3x+13 \leqq 4x+17 & \cdots ② \end{cases}$$

$A \leqq B \leqq C$ は，$A \leqq B$ かつ $B \leqq C$ として解く。

①より，

　$x \leqq$

$x \geqq$ 　　　　…①′

②より，

$-x \leqq$

$x \geqq$ 　　　　…②′

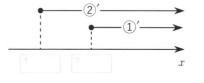

①′，②′の共通範囲が解より，$x \geqq$

演 習

**1** 次の連立不等式を解け。

(1) $\begin{cases} 3(x-4) \leqq x-3 \\ 6x-2(x+3) < 6 \end{cases}$

(2) $3x-5 < 2x-1 < 4x-7$

CHALLENGE あるジュース1本の値段は150円, 重さは400gである。このジュースを, 重さが100gで200円の箱に何個か入れて, 全体の重さは3000g以上, 代金は2000円以下にしたい。このとき, 買うことができるジュースの本数を求めよ。ただし, 消費税は考えないものとする。

⎞ ⎛
HINT ジュースを $x$ 本買うとして, 値段と重さについてそれぞれ不等式を立てて, 共通範囲を求めよう。

✔CHECK
**20**講で学んだこと

☐ 連立不等式はそれぞれの不等式を解き, それらの解の共通範囲を求める。
☐ $A \leqq B \leqq C$ は, $A \leqq B$ かつ $B \leqq C$ として解く。

## 21講　平方根や因数分解を利用して2次方程式が解けるようになろう！

# 2次方程式(1)

▶ ここからはじめる　移項して整理することによって(2次式)＝0の形に変形できる方程式を2次方程式といいます。2次方程式を解くには，平方根の知識や因数分解の知識を使います。chapter1で学習してきた内容を駆使して2次方程式を攻略しましょう！

　2次方程式を成り立たせる文字の値を，その方程式の解といい，解のすべてを求めることを「2次方程式を解く」といいます。

### POINT 1　$x^2＝a\,(a＞0)$の解は$x＝\pm\sqrt{a}$を利用しよう！

（例1）　$x^2-25＝0$ を解け。

$x^2＝25$ ← $x$は2乗したら25になる数。

$x$は25の平方根だから，

$x＝\pm5$

$(x+m)^2＝n$の形をした方程式は，かっこの中をひとまとまりのものとみて，平方根の考えを使って解くことができます。

（例2）　$(x+1)^2＝6$ を解け。

$x+1$ が6の平方根より，

$x+1＝\pm\sqrt{6}$

$x＝-1\pm\sqrt{6}$

### POINT 2　因数分解して，積が0ならばいずれかが0を利用しよう！

　　$x^2+px+q＝0$ が $(x-a)(x-b)＝0$ と因数分解できるときは，

$$AB＝0 ならば A＝0 または B＝0$$

を用いて求めることができます。

（例3）　$x^2-x-12＝0$ を解け。

$(x+3)(x-4)＝0$

$x+3＝0$ または $x-4＝0$

$x＝-3,\ 4$

---

### 例題

　次の2次方程式を解け。

❶　$x^2＝3$　　　　　　❷　$(x-2)^2＝16$　　　　　　❸　$x^2-5x+6＝0$

- - - - - - - - - - - - - - - - - - - - - - - - - - - - - - - - - - - - - - - - - -

❶　$x^2＝3$

$x＝\boxed{\phantom{ア}}$

❷　$(x-2)^2＝16$

$x-2＝\boxed{\phantom{イ}}$

$x＝\boxed{\phantom{ウ}}\ ,\ \boxed{\phantom{エ}}$

❸　$x^2-5x+6＝0$

$\left(x-\boxed{\phantom{オ}}\right)\left(x-\boxed{\phantom{カ}}\right)＝0$

$x＝\boxed{\phantom{キ}}\ ,\ \boxed{\phantom{ク}}$

　例題の解答　ア $\pm\sqrt{3}$　イ $\pm4$　ウ $-2(6)$　エ $6(-2)$　オ $2(3)$　カ $3(2)$

**1** 次の 2 次方程式を解け。

(1)　$9x^2-5=0$

(2)　$2(x-3)^2=6$

(3)　$x^2+6x-16=0$

(4)　$x^2+3x=0$

(5)　$x^2-6x+9=0$

(6)　$4x^2+12x+9=0$

**CHALLENGE**　次の 2 次方程式を解け。

(1)　$x^2-2x-4=0$

(2)　$\dfrac{(x+2)(x-6)}{3}=\dfrac{x(x-1)}{4}$

---

HINT　(1)　$x^2-2x=(x-1)^2-1^2$ と変形して平方根を利用しよう。　(2)　両辺を 12 倍して，整理して $ax^2+bx+c=0$ の形に変形する。

✔ **CHECK**
**21講で学んだこと**

□ $ax^2+b=0$ の形は平方根の考え方を利用する。
□ $AB=0$ ならば $A=0$ または $B=0$ を利用する。

# 22講 たすきがけや解の公式を利用して2次方程式が解けるようになろう！

# 2次方程式(2)

▶ ここからはじめる　たすきがけの因数分解ができる場合は因数分解し，2次方程式を解きます。たすきがけができない場合は，解の公式を用いることになります。解の公式は非常に便利なのでぜひ覚えておきましょう（導ければ言うことなし）！

## POINT 1 たすきがけを利用して積の形に直して解こう！

（例1）　$6x^2+5x-4=0$ を解け。

$(2x-1)(3x+4)=0$

$2x-1=0$ または $3x+4=0$

$x=\dfrac{1}{2}$, $-\dfrac{4}{3}$

$$\begin{array}{ccc} 2 & -1 & \longrightarrow -3 \\ 3 & 4 & \longrightarrow 8 \\ \hline & & 5 \end{array}$$

このようにたすきがけできるときは因数分解をして解きましょう！

## POINT 2 因数分解ができないときは解の公式を利用して解こう！

因数分解ができないときは，解の公式を使います。

公式　**解の公式**

2次方程式 $ax^2+bx+c=0$ において

$$x=\frac{-b\pm\sqrt{b^2-4ac}}{2a}$$

（例2）　$2x^2+3x-4=0$ を解け。

$$x=\frac{-3\pm\sqrt{3^2-4\cdot2\cdot(-4)}}{2\cdot2}$$

$a=2$, $b=3$, $c=-4$ として解の公式を用いた。

$$=\frac{-3\pm\sqrt{41}}{4}$$

（参考）　因数分解ができるかどうかを見分ける方法

（$\sqrt{\phantom{x}}$ の中身）$=b^2-4ac=$（ある整数）$^2$　⇒　因数分解できる

（$\sqrt{\phantom{x}}$ の中身）$=b^2-4ac\neq$（ある整数）$^2$　⇒　因数分解できない

**注意**　因数分解できるとは，ここでは有理数の範囲で因数分解できることを指します。

## 例題

次の2次方程式を解け。

❶　$3x^2+5x-2=0$

❷　$2x^2-5x+1=0$

- - - - - - - - - -

❶　$\left(x+\boxed{\phantom{ア}}\right)\left(\boxed{\phantom{イ}}x-\boxed{\phantom{ウ}}\right)=0$

　　$x=\boxed{\phantom{エ}}$, $\boxed{\phantom{オ}}$

❷　$x=\dfrac{\boxed{\phantom{カ}}\pm\sqrt{\boxed{\phantom{キ}}}}{\boxed{\phantom{ク}}}$

**演 習**

**1** 次の2次方程式を解け。

(1) $6x^2 + 19x + 10 = 0$

(2) $4x^2 + 11x - 3 = 0$

(3) $x^2 + 3x - 2 = 0$

(4) $2x^2 + 7x + 2 = 0$

**CHALLENGE** 次の2次方程式を解け。

(1) $x^2 + \dfrac{5}{6}x - \dfrac{2}{3} = 0$

(2) $\dfrac{3}{2}x^2 + x - \dfrac{3}{4} = 0$

\ ¦ /
HINT (1) 両辺を6倍して,分母を払おう。 (2) 両辺を4倍して,分母を払おう。

**✔ CHECK**
**22講で学んだこと**

□ たすきがけの因数分解を利用する。
□ 解の公式を利用する。

# 23講　属しているものがはっきりしているものの集まりが集合！

# 集合

▶ここからはじめる　ここでは，「集合」とは何かについて学習します。「集合」は，このあとに学習する「命題」だけでなく，「場合の数」や「確率」を学習する際にも大切になってくるので，ここでしっかりと理解しておきましょう。

## POINT 1　集合は，含まれるものがはっきり定まるものの集まり

**集合**とは，含まれるものがはっきり定まるものの集まりのことで，$A$や$B$などアルファベットの大文字で表します。

また，集合をつくっている個々のものを**要素**といいます。

例　集合$A$を「10以下の自然数全体の集まり」とすると，集合$A$の要素は，

$$1, \ 2, \ 3, \ 4, \ 5, \ 6, \ 7, \ 8, \ 9, \ 10$$

1つ1つが要素

このとき，「5」は集合$A$の要素で，「5は集合$A$に**属する**」といい，

$$5 \in A$$

と表します。一方，「$-3$」のように集合の$A$の要素ではないものは，

$$-3 \notin A$$

$-3$は集合$A$に属さないことを表す。

と表します。

## POINT 2　集合の表し方には「要素を書き並べる方法」と「要素の条件を書く方法」がある

集合の表し方には，次の2通りがあります。

(ア)　**要素を書き並べる方法**　　(イ)　**要素の条件を書く方法**

例　15の正の約数の集合を$A$とすると，

(ア)の方法　…　$A = \{1, \ 3, \ 5, \ 15\}$

要素を具体的に書く

中かっこ{ }を使う。

(イ)の方法　…　$A = \{x \mid x$は15の正の約数$\}$

その文字がみたす条件を書く。

$A$の要素の代表として文字を1文字書く(例えば$x$)。

文字と条件の間に「| |」を入れる。

例題

❶　$A = \{a \mid a$は1以上25以下の4の倍数$\}$を要素を書き並べる方法で表せ。

❷　$B = \{2, 4, 6, 8, 10, 12\}$を要素の条件を書く方法で表せ。

❶　$A = \left\{4, \boxed{\phantom{ア}}^{ア}, 12, \boxed{\phantom{イ}}^{イ}, 20, \boxed{\phantom{ウ}}^{ウ}\right\}$

❷　$B = \left\{x \mid x$は1以上12以下の$\boxed{\phantom{エ}}^{エ}$の倍数$\right\}$

**1** (1) 次のうち, 集合であるものはどちらか。

  ㋐ 大きい数        ㋑ 2 以上の数

(2) 1 以上 20 以下の 3 の倍数の集合を $A$ とする。次の $\boxed{\phantom{x}}$ に適切な記号を書け。

  ㋐ 6 $\boxed{\phantom{x}}$ $A$        ㋑ 14 $\boxed{\phantom{x}}$ $A$

**2** (1) $A=\{a\,|\,a$ は 1 以上 20 以下の 3 の倍数$\}$ を要素を書き並べる方法で表せ。

(2) $B=\{1,\ 3,\ 5,\ 7,\ 9,\ 11\}$ を要素の条件を書く方法で表せ。

**CHALLENGE** (1) $A=\{3a+2\,|\,a$ は整数, $0\leqq a\leqq100\}$ を要素を書き並べる方法で表せ。

(2) $B=\{2,\ 4,\ 6,\ \cdots\cdots,\ 100\}$ を要素の条件を書く方法で表せ。

ＨＩＮＴ (1) $3a+2$ の $a$ に 0 から 100 までの整数を当てはめたものが要素になるね。要素の数が多いので, 具体的に 3 個ぐらい書いたら, 「……」を使い, 最後の要素を書こう。 (2) 2 から 100 までの偶数だね！ 偶数は文字を使ってどのように表せたか考えよう。

**✔ CHECK**
**23講で学んだこと**

□ 含まれるものがはっきり定まるものの集まりを集合という。
□ 集合をつくっている個々のものを要素という。
□ 集合の表し方には, 「要素を書き並べる方法」と「要素の条件を書く方法」がある。

# 24講　ベン図をかいて具体的に考えることがポイント！
# 部分集合，共通部分・和集合

▶ ここからはじめる　集合を扱っていく上で必要な「部分集合，共通部分・和集合」の定義をおさえておきましょう。日常使う「または」は「どちらか一方だけ」を意味することが多いですが，数学の「または」は「どちらか一方だけ」に加えて，両方も意味します！

## POINT 1　部分集合

$A=\{1, 3, 4\}$, $B=\{1, 2, 3, 4, 5\}$があるとき，$A$の要素がすべて$B$の要素になっていることを，$A$は$B$の**部分集合**であるといい，$A \subset B$（または$B \supset A$）と表します。

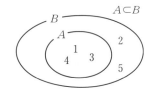

## POINT 2　全体集合と補集合

あらかじめ考えているもの全体の集合を**全体集合**といいます。また，全体集合$U$の部分集合$A$に対して，$U$の要素であって，$A$の要素でないものの集合を$A$の**補集合**といい，$\overline{A}$で表します。

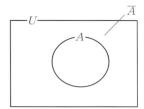

## POINT 3　共通部分と和集合

集合$A$, $B$のどちらにも含まれる要素全体の集合を「$A$と$B$の**共通部分**」といい，$A \cap B$と表します。また，集合$A$, $B$の要素をすべて集めた集合を「$A$と$B$の**和集合**」といい，$A \cup B$と表します。なお，要素を1つも含まない集合を**空集合**といい，$\varnothing$で表します。

例　$A=\{1, 3, 7, 9\}$, $B=\{1, 2, 3, 4, 5\}$のとき，
$A \cap B=\{1, 3\}$, $A \cup B=\{1, 2, 3, 4, 5, 7, 9\}$

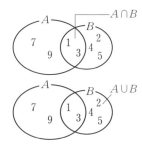

## 例題

$U=\{x \mid x は 10 より小さい自然数\}$を全体集合とする。$A=\{1, 2, 4\}$, $B=\{1, 4, 6, 9\}$について，次の集合を求めよ。

❶　$\overline{A}$　　　　　❷　$A \cap B$　　　　　❸　$A \cup B$

ベン図に要素を書き入れると，右の図のようになる。

❶　$\overline{A}$は$A$の要素でないものの集合より，
$\overline{A}=\{$ ᵃ 　　　　　$\}$

❷　$A \cap B$は$A$, $B$のどちらにも含まれる要素全体の集合であるから，$A \cap B=\{$ ᵇ 　　$\}$

❸　$A \cup B$は$A$, $B$の要素をすべて集めた集合であるから，
$A \cup B=\{$ ᶜ 　　　$\}$

ベン図という。

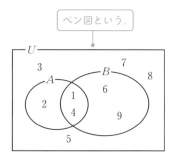

　例題の解答　ᵃ 3, 5, 6, 7, 8, 9　ᵇ 1, 4　ᶜ 1, 2, 4, 6, 9

**1** 次の集合のうち, $A=\{1, 2, 3, 4, 5, 6, 7\}$ の部分集合であるものを選び, 記号 $\subset$ を用いて表せ。

$$B=\{3, 4, 5, 6\}, \ C=\{2, 3, 5, 8\}, \ D=\{1, 4, 7\}$$

**2** 全体集合を $U=\{x \mid x$ は 10 以下の自然数$\}$ とするとき, 部分集合 $A=\{2, 4, 7\}$ の補集合 $\overline{A}$ を, 要素を書き並べて表せ。

**3** $A=\{1, 3, 5, 7, 9\}, \ B=\{3, 4, 5, 6\}$ について次の集合を求めよ。

(1) $A \cap B$

(2) $A \cup B$

**CHALLENGE** $U=\{x \mid x$ は 10 より小さい自然数$\}$ を全体集合とする。$A=\{3, 5, 7\}$, $B=\{4, 5, 6, 7\}$ について, 次の集合を求めよ。

(1) $\overline{A}$

(2) $A \cap \overline{B}$

(3) $\overline{A} \cup \overline{B}$

(4) $\overline{A \cap B}$

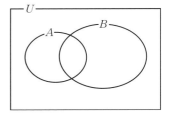

**HINT** まずはベン図をかいて考えよう。 (2) $A \cap \overline{B}$ は $A=\{3, 5, 7\}$ と $\overline{B}=\{1, 2, 3, 8, 9\}$ の共通部分。
(3) $\overline{A} \cup \overline{B}$ は $\overline{A}=\{1, 2, 4, 6, 8, 9\}$ と $\overline{B}=\{1, 2, 3, 8, 9\}$ の和集合。 (4) $\overline{A \cap B}$ は $A \cap B$ の補集合。

**CHECK**
**24講で学んだこと**

□ $A$ の要素がすべて $B$ の要素になっているとき, $A$ は $B$ の部分集合であるという。
□ $A$ の補集合は, 全体集合 $U$ の要素のうち $A$ の要素でないものの集合。
□ $A$ と $B$ の共通部分は, $A$, $B$ どちらにも含まれる要素全体の集合。
□ $A$ と $B$ の和集合は, $A$, $B$ の要素をすべて集めた集合。

## 25講　命題の真偽が判断できるようになろう！

# 命題

▶ ここからはじめる 「小倉悠司はイケメンである」これは正しいか正しくないかがはっきりしませんね（正しいという人ありがとう！！）。このように正しいか正しくないかがはっきりしないものは命題といいません。命題についてしっかり学習していきましょう。

## POINT 1 正しいか正しくないかが決まる文や式を命題という

命題…正しいか正しくないかが決まる文や式。
- ㋐　三角形の内角の和は $180°$ である。
- ㋑　$3 \times (-5) = 15$
- ㋒　10000 は大きい数である。

㋐は正しい、㋑は正しくないと決まりますね。だから、㋐と㋑は命題です。

しかし、㋒は正しいか正しくないかが決まらないので命題ではありません。

㋐のように命題が**正しい**とき、その命題は**真**であるといいます。また、㋑のように**正しくない**とき、その命題は**偽**であるといいます。

「$x>3$」は、$x=5$ のときは真ですが、$x=2$ のときは偽ですね。このように、変数を含む文や式で、その変数に値を代入すると、真偽が決まる文や式を**条件**といいます。条件は $p$ や $q$ などの文字を用いて表すこともあります。

## POINT 2 命題「$p \implies q$」が偽であることを示すには反例を 1 つあげる

$p$, $q$ を条件として、「$p$ ならば $q$ である」の形で表される命題を、「$p \implies q$」で表します。$p$ を**仮定**、$q$ を**結論**といいます。

ある命題「$p \implies q$」が偽であることを示すには、

**「$p$ であるのに $q$ でない例」**（反例といいます）　　⟵ 仮定はみたすが結論ではない例。

を 1 つあげればよいです。

㋑　$x<3 \implies x<1$ の反例は $x=2$

## POINT 3 「$p$ でない」という条件を $p$ の否定といい $\overline{p}$ で表す

条件 $p$ に対して、「$p$ でない」という条件を $p$ の**否定**といい、$\overline{p}$ で表します。

㋑　条件「$x>0$」の否定は、「$x>0$ でない」すなわち「$x \leqq 0$」

---

### 例題

次の命題が真であるか偽であるか答えよ。偽の場合は反例をあげよ。

**1**　$6x=18 \implies x=3$　　　　　**2**　$x^2=9 \implies x=3$

- - - - - - - - - - - - - - - - - - - - - - - - - - - - - - - - - - - - - - - - - - -

**1**　〔ア　　　〕

**2**　〔イ　　　〕（反例：$x=$〔ウ　　　〕）

---

**1** 次のうち, 命題であるものはどれか。また, それらは真か偽かそれぞれ答えよ。

(ア) $3^2+4^2=5^2$

(イ) 小倉悠司は身長が高い。

(ウ) 18 の約数は 6 である。

**2** 次の命題が真であるか偽であるか答えよ。また, 偽であるときは反例をあげよ。ただし, $x$ は実数とする。

(1) $x>2 \implies x>1$

(2) $x^2-5x+6=0 \implies x=2$

**3** 次の条件の否定を答えよ。

(1) 自然数 $n$ は偶数である。

(2) $x>2$

**CHALLENGE** 次の命題が真であるか偽であるか答えよ。また, 偽であるときは反例をあげよ。ただし, $a$, $b$ は実数とする。

(1) $a$, $b$ がともに素数ならば, $a+b$ は素数である。

(2) $a+b$ かつ $ab$ が有理数ならば, $a$, $b$ はともに有理数である。

HINT (1) $a$, $b$ がともに素数で, $a+b$ が素数にならないものがないかを考えてみよう。

(2) $a+b$ かつ $ab$ が有理数で, $a$, $b$ の少なくとも一方が無理数のものがないかを考えてみよう。

✔ **CHECK**
**25講で学んだこと**

☐ 正しいか正しくないかが決まる文や式を命題という。

☐ 命題が正しいときを真, 命題が正しくないときを偽という。

☐ 「$p \implies q$」が偽であることを示すには, 反例を 1 つあげる。

☐ $p$ に対して, 「$p$ でない」という条件を $p$ の否定といい, $\bar{p}$ で表す。

## 26講 「必要」か「十分」かは真となる矢印の向きで変わる！
# 必要条件と十分条件

▶ ここからはじめる 「小倉」ならば「人間」であるという命題は真です。このとき，「小倉」であることは「人間」であるための**十分**な条件，「人間」であることは「小倉」であるための必要な条件になっています。

### POINT 1 必要条件と十分条件

2つの条件 $p$, $q$ についての命題

- 「$p \Longrightarrow q$」**が真であるとき，$p$ は $q$ であるための十分条件**
- 「$p \Longleftarrow q$」**が真であるとき，$p$ は $q$ であるための必要条件**

といいます。

(例)　命題「$p$:中学生 $\Longrightarrow$ $q$:人間」は真
　　命題「$p$:中学生 $\Longleftarrow$ $q$:人間」は偽 ◀━ 人間だけど中学生ではない，例えば小学生などがいる！

このとき，

　　$p$:中学生は，$q$:人間であるための**十分条件であるが必要条件ではない**

といいます。

(例)　命題「$p$:動物 $\Longrightarrow$ $q$:猫」は偽 ━ 動物だけど猫ではないものとして，犬などが考えられる！
　　命題「$p$:動物 $\Longleftarrow$ $q$:猫」は真

このとき，

　　$p$:動物は，$q$:猫であるための**必要条件であるが十分条件ではない**

といいます。

### POINT 2 必要十分条件

**命題「$p \Longrightarrow q$」と命題「$p \Longleftarrow q$」がともに真であるとき，**
　　$p$ は $q$ であるための**必要十分条件である**
といいます。このことを，「$p \Longleftrightarrow q$」と表します。

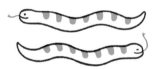

---

#### 例題

次の □ の中に，必要，十分，必要十分のうち最も適切なものを入れよ。

　　$a = b$ は，$ac = bc$ であるための □ 条件である。

- - - - - - - - - - - - - - - - - - - - - - - - - - - -

　　「$a = b \Longrightarrow ac = bc$」は $\boxed{^{\text{ア}}\quad}$ であり，

　　「$a = b \Longleftarrow ac = bc$」は $\boxed{^{\text{イ}}\quad}$ （反例は $a = 2$, $b = 3$, $c = \boxed{^{\text{ウ}}\quad}$ ）であるから，

　　$a = b$ は，$ac = bc$ であるための $\boxed{^{\text{エ}}\quad}$ 条件であるが $\boxed{^{\text{オ}}\quad}$ 条件ではない。

---

(例)(題)の解答　ア 真　イ 偽　ウ 0　エ 十分　オ 必要

## 演習

**1** 次の □ の中に,「十分」,「必要」のうち最も適切なものを入れよ。ただし, $x, y$ は実数とする。

(1) 命題「$x=3 \implies x^2=9$」は真であり,

命題「$x=3 \impliedby x^2=9$」は偽(反例 $x=-3$)であるから,

$x=3$ は $x^2=9$ であるための □ 条件であるが □ 条件ではない。

(2) 命題「$x+y>0 \implies x>0$ かつ $y>0$」は偽(反例 $x=5, y=-2$)であり,

命題「$x+y>0 \impliedby x>0$ かつ $y>0$」は真であるから,

$x+y>0$ は $x>0$ かつ $y>0$ であるための □ 条件であるが □ 条件ではない。

**2** 次の $p, q$ について, $p$ が $q$ であるための必要十分条件になっているものを答えよ。ただし, $x$ は実数とする。

(1) $p : x=5$, $\qquad q : 7x=35$

(2) $p : x=1$, $\qquad q : x^2=1$

**CHALLENGE** 次の(1)～(4)の文中の □ にあてはまるものを①～④の中から選べ。ただし, $x,$ $y$ は実数とする。

① 必要十分条件である

② 十分条件であるが必要条件ではない

③ 必要条件であるが十分条件ではない

④ 必要条件でも十分条件でもない

(1) △ABC≡△DEF であることは, △ABC∽△DEF であるための □ 。

(2) $xy=0$ であることは, $x=0$ かつ $y=0$ であるための □ 。

(3) $x^2+y^2=0$ であることは, $x=0$ かつ $y=0$ であるための □ 。

(4) $x+y$ が無理数であることは, $x$ が無理数かつ $y$ が無理数であるための □ 。

✔ CHECK
**26講で学んだこと**

□「$p \implies q$」が真であるとき, $p$ は $q$ であるための十分条件という。
□「$p \impliedby q$」が真であるとき, $p$ は $q$ であるための必要条件という。

# 27講　逆・裏・対偶は定義をしっかり覚えよう！
# 逆・裏・対偶

▶ ここからはじめる　ある命題「$p$ ならば $q$」に対して，逆・裏・対偶を考えていきます。ここでは，逆はどのような命題か，裏はどのような命題か，対偶はどのような命題かをしっかり述べられるようにしていきましょう。

 ## 逆・裏・対偶

まずは，「逆，裏，対偶」の定義から確認しておきましょう。命題「$p$ ならば $q$」に対して，「$p$ でない」を $\overline{p}$ と表すと，

逆：「$q$ ならば $p$」
裏：「$\overline{p}$ ならば $\overline{q}$」
対偶：「$\overline{q}$ ならば $\overline{p}$」

例　命題：自然数 $n$ について，
　　$n$ が 6 の倍数ならば，$n$ は 12 の倍数である。
　　　仮定($p$)　　　　　　結論($q$)

この命題は偽（反例：$n=6$）。

の逆，裏，対偶を考えてみよう。

逆：自然数 $n$ について，
　　$\underset{q}{n が 12 の倍数}$ ならば，$\underset{p}{n は 6 の倍数}$ である。　　逆は真。

裏：自然数 $n$ について，
　　$\underset{\overline{p}}{n が 6 の倍数でない}$ ならば，$\underset{\overline{q}}{n は 12 の倍数でない}$。　　裏は真。

対偶：自然数 $n$ について，
　　$\underset{\overline{q}}{n が 12 の倍数でない}$ ならば，$\underset{\overline{p}}{n は 6 の倍数でない}$。　　対偶は偽（反例：$n=6$）。

注意　もとの命題が真であっても，その逆は真とは限らない。

### 例題

次の命題の逆，裏，対偶を述べよ。また，その真偽を調べよ。
ただし，$x, y$ は実数とする。
「$x=y \implies x^2=y^2$」

逆：[ア]　$\implies$　[イ]　[ウ]　（反例：$x=2, y=$[エ]）
裏：[オ]　$\implies$　[カ]　[キ]　（反例：$x=2, y=$[ク]）
対偶：[ケ]　$\implies$　[コ]　[サ]

演習の解答 → 別冊 P.28

**1** 次の命題の逆, 裏, 対偶を述べよ。また, その真偽を調べよ。ただし, $x$ は実数とする。

(1) $x > 3 \implies x > 0$

　　逆:

　　　裏:

　対偶:

(2) $x = 2 \implies x^2 - 5x + 6 = 0$

　　逆:

　　　裏:

　対偶:

**CHALLENGE** 次の命題の逆, 裏, 対偶を述べよ。また, その真偽を調べよ。ただし, $x$, $y$ は実数とする。

$$x > y \implies x^2 > y^2$$

　　逆:

　　　裏:

　対偶:

✔ **CHECK**
**27講で学んだこと**

□ 命題「$p$ ならば $q$」の逆は「$q$ ならば $p$」
□ 命題「$p$ ならば $q$」の裏は「$\overline{p}$ ならば $\overline{q}$」
□ 命題「$p$ ならば $q$」の対偶は「$\overline{q}$ ならば $\overline{p}$」

# 28講　1次関数のグラフは直線！
# 1次関数

▶ここからはじめる　2つの変数$x$, $y$があって, $x$の値を決めると, それに対応して$y$の値がただ1つに定まるとき, 「$y$は$x$の関数である」といいます。ここでは「1次関数」とその「グラフ」について学習します。

## 1 1次関数とは$y=ax+b$で表される関数

$$y=2x+1$$

> $x$の値が決まると$y$の値がただ1つに決まるから, $y$は$x$の関数

のように$y$が$x$の1次式で表されるとき, 「$y$は$x$の1次関数である」といいます。

　$y$が$x$の関数であることは$y=f(x)$と表すことができて, このとき, $x$の値$a$に対応して定まる$y$の値を$f(a)$と表します。

（例）　$f(x)=3x+5$ のとき, $f(2)=3\cdot2+5=11$

## 2 1次関数$y=ax+b$のグラフは直線

　1次関数$y=2x+1$ について, $x$の値に対応する$y$の値を求めて表をつくると

| $x$ | $\cdots$ | $-1$ | 0 | 1 | 2 | 3 | $\cdots$ |
|---|---|---|---|---|---|---|---|
| $y$ | $\cdots$ | $-1$ | 1 | 3 | 5 | 7 | $\cdots$ |

のようになりますね。上の表をもとにしてグラフをかくと右の図のような直線になります。

　1次関数$y=ax+b$の$a$を直線の**傾き**といい, $b$を**$y$切片**といいます。

　例えば, $y=2x+1$においては, **傾きが2**ですが, これは,
　　　　$x$の値が1増えたとき, $y$の値が2だけ増える
ことを意味します。また, **$y$切片は1**ですが, これは,
　　　　　グラフと$y$軸との交点の$y$座標が1
であることを意味します。

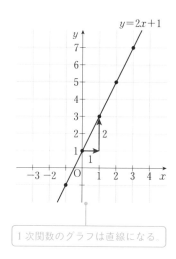

> 1次関数のグラフは直線になる。

---

（例）（題）

❶　$f(x)=3x-5$ について$f(-4)$の値を求めよ。
❷　1次関数$y=3x-5$のグラフの傾きと$y$切片を求めよ。

- - - - - - - - - -

❶　$f(-4)=3\cdot\left(\boxed{\phantom{ア}}\right)-5=\boxed{\phantom{イ}}$

❷　傾きは$\boxed{\phantom{ウ}}$, $y$切片は$\boxed{\phantom{エ}}$である。

演習

**1** $f(x)=-2x+7$ について, 次の値を求めよ。

(1) $f(5)$

(2) $f(-1)$

**2** (1) 1次関数 $y=-3x-4$ のグラフの傾きと $y$ 切片を求めよ。

(2) $y$ が $x$ の1次関数で, グラフの傾きが3, $y$ 切片が5のとき, $y$ を $x$ で表せ。

**CHALLENGE** $y$ は $x$ の1次関数で, そのグラフが2点 $(-2, 8)$, $(1, 2)$ を通る直線であるとき, $y$ を $x$ で表せ。

HINT $y$ は $x$ の1次関数だから $y=ax+b$ とおいて, 通る点を代入して, $a$, $b$ の連立方程式を立てよう。

✔ CHECK
**28講で学んだこと**

☐ $y$ が $x$ の1次関数であるとき, $y=ax+b$ の形で表される。
☐ 1次関数 $y=ax+b$ のグラフは直線である。
☐ $y=ax+b$ の $a$ を傾き, $b$ を $y$ 切片という。

## 29講　2乗に比例する関数のグラフは放物線！
# 2乗に比例する関数

▶ここからはじめる　2つの変数$x$と$y$について，$y$が$x$に0でない定数をかけたものであるとき，「$y$は$x$に比例する」といい，「$y=ax$」（$a$は0でない定数）と表せます。ここでは，$y$が$x^2$に比例する関数について学習します。

### POINT 1　$y$が$x^2$に比例するとは，$y$が$x^2$の定数倍となっていること！

$y$が$x^2$に比例するとき，$y=ax^2$（$a$は0でない定数）と表されます。この$a$を**比例定数**といいます。

（例）　$y=2x^2$について考えます。

$x$の値に対応する$y$の値を求めて表をつくると次のようになりますね。

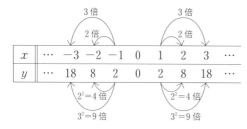

| $x$ | $\cdots$ | $-3$ | $-2$ | $-1$ | $0$ | $1$ | $2$ | $3$ | $\cdots$ |
|---|---|---|---|---|---|---|---|---|---|
| $y$ | $\cdots$ | $18$ | $8$ | $2$ | $0$ | $2$ | $8$ | $18$ | $\cdots$ |

$x$の値を2倍，3倍，$\cdots$，$n$倍，$\cdots$とすると，$y$の値は$2^2$倍，$3^2$倍，$\cdots$，$n^2$倍，$\cdots$になります。

### POINT 2　$y=ax^2$のグラフは放物線である

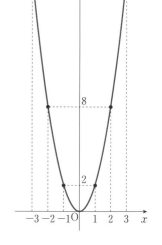

①の表の$(x,\ y)$の組を点としてなめらかにつなぐと，$y=2x^2$のグラフは右の図のようになることがわかります。

$y=ax^2$のグラフを**放物線**といいます。

---

### 例題

**1**　半径$x$ cmの円の面積が$y$ cm$^2$であるとき，$y$を$x$の関係式で表し，「$y$は$x$に比例する」か「$y$は$x^2$に比例する」か答えよ。

**2**　$y$は$x^2$に比例し，$x=-2$のとき$y=8$である。$y$を$x$の式で表せ。

---

**1**　$y$は半径$x$の円の面積であるから，$y$は，$y=$〔ア　　〕で表される。

これより，$y$は〔イ　　〕に比例する。

**2**　$y=ax^2$と表せ，$x=-2$のとき$y=8$であるから，〔ウ　　〕$=$〔エ　　〕$a$

よって，$a=$〔オ　　〕であるから，$y=$〔カ　　〕$x^2$

例題の解答　ア $\pi x^2$　イ $x^2$　ウ $8$　エ $4$　オ $2$　カ $2$

**1** 縦の長さが $x$ cm，横の長さが $2x$ cm である長方形の面積が $y$ cm² であるとき，$y$ を $x$ の関係式で表し，「$y$ は $x$ に比例する」か「$y$ は $x^2$ に比例する」か答えよ。

**2** $y$ は $x^2$ に比例し，次の条件をみたすとき，$y$ を $x$ の式で表せ。

(1)　$x=2$ のとき $y=-12$

(2)　$x=4$ のとき $y=8$

CHALLENGE　$y$ は $x+3$ の 2 乗に比例しており，$x=-2$ のとき $y=6$ である。このとき，比例定数を求め，$x=4$ のときの $y$ の値を求めよ。

HINT　$y$ が $x+3$ の 2 乗に比例する関数なので，$y=a(x+3)^2$ とおける。

✔ CHECK
**29講で学んだこと**

☐ $y$ が $x^2$ に比例する関数は $y=ax^2 (a \neq 0)$ の形で表される。
☐ $y=ax^2$ の $a$ を比例定数という。
☐ $y=ax^2$ のグラフを放物線という。

# 30講　$y$ が $x^2$ に比例する関数のグラフでは軸と頂点がポイント！

# $y＝ax^2$ のグラフ

▶ここからはじめる　$y＝ax^2$ で表される関数のグラフは「放物線」であることを前回学びました。今回は，さまざまな $a$ の値に対して，関数 $y＝ax^2$ のグラフがどのようにかけるかについて学びます。まずは，「軸」と「頂点」についておさえておきましょう。

## $y＝ax^2$ のグラフは $y$ 軸について対称な図形になる！

放物線はある直線を折り目として折り返すとグラフが重なります。この直線をその放物線の**軸**といいます。また，軸と放物線の交点を，その放物線の**頂点**といいます。

放物線 $y＝ax^2$ の場合，軸は **$y$軸**，頂点は**原点**となります。

例　$y＝2x^2$ 例　$y＝-x^2$

29講と同じように表をつくり，なめらかに結ぶとこのようなグラフになります。

$y＝ax^2$ のグラフは，

　　$a＞0$ のとき**下に凸**，$a＜0$ のとき**上に凸**の放物線である

といいます。

例題

次の①〜④の関数について，以下の問いに答えよ。

①　$y＝4x^2$　　②　$y＝-2x^2$　　③　$y＝-4x^2$　　④　$y＝\dfrac{2}{3}x^2$

❶　グラフが $x$ 軸の下側にある関数を答えよ。
❷　②のグラフをかきなさい。

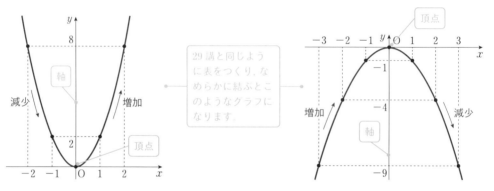

❶　$y＝ax^2$ のグラフが $x$ 軸の下側にあるのは，$a$ ［ア］ $0$ の場合であるので，［イ］ と ［ウ］

❷　$y＝-2x^2$ の通る点を調べて点をなめらかに結ぶ。

| $x$ | … | $-2$ | $-1$ | $0$ | $1$ | $2$ | … |
|---|---|---|---|---|---|---|---|
| $y$ | … | ［エ］ | ［オ］ | $0$ | ［オ］ | ［エ］ | … |

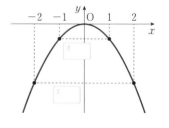

**演 習**

**1** 次の①〜④の関数について，グラフが $x$ 軸の上側にある関数を答えよ。

① $y=-\dfrac{2}{3}x^2$    ② $y=x^2$    ③ $y=-0.1x^2$    ④ $y=\dfrac{2}{3}x^2$

**2** 関数 $y=\dfrac{1}{2}x^2$ のグラフをかけ。

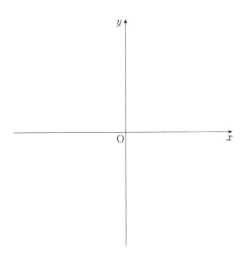

**CHALLENGE** 次の①〜④の関数について，グラフが $x$ 軸に関して対称である（$x$ 軸を折り目として折り返すとぴったり重なる）組はどれとどれか。

① $y=-\dfrac{2}{3}x^2$    ② $y=x^2$    ③ $y=-0.1x^2$    ④ $y=\dfrac{2}{3}x^2$

HINT $x^2$ の係数の絶対値が同じものだね。

**✔ CHECK**
**30講で学んだこと**

□ $y=ax^2$ の軸は $y$ 軸，頂点は原点である。
□ $y=ax^2$ のグラフは $a>0$ のとき下に凸，$a<0$ のとき上に凸である。

# 31講 $y$ 軸方向への平行移動がカギ！

# $y＝ax^2＋q$ のグラフ

▶ここからはじめる　今回は，関数 $y＝ax^2＋q$ のグラフについて学習します。このグラフは，前回学んだ $y＝ax^2$ のグラフを，$y$ 軸方向に平行移動（形を変えずに動かす移動）すると得られます。平行移動によって軸や頂点がどのように移動するでしょうか。

## $y＝ax^2＋q$ は $y＝ax^2$ のグラフを $y$ 軸方向に $q$ だけ動かした放物線

図形を，形を変えずに一定の方向に一定の距離だけ動かすことを**平行移動**といいます。

（例）　$y＝2x^2＋4$ のグラフについて考えます。

| $x$ | $\cdots$ | $-3$ | $-2$ | $-1$ | $0$ | $1$ | $2$ | $3$ | $\cdots$ |
|---|---|---|---|---|---|---|---|---|---|
| $2x^2$ | $\cdots$ | $18$ | $8$ | $2$ | $0$ | $2$ | $8$ | $18$ | $\cdots$ |
| $2x^2＋4$ | $\cdots$ | $22$ | $12$ | $6$ | $4$ | $6$ | $12$ | $22$ | $\cdots$ |

$\left.\right\}+4$

　$y＝2x^2$ のグラフは，$y＝2x^2$ をみたす点 $(x,\ y)$ を集めたものです。それらの点をすべて $y$ 座標だけ「＋4」した点の集まりが

　　$y＝2x^2＋4$ のグラフ

になります。

　したがって，$y＝2x^2＋4$ のグラフは $y＝2x^2$ のグラフを

　　$y$ 軸方向に 4 だけ平行移動

したものとなります。

　一般に，$y＝ax^2＋q$ のグラフは，$y＝ax^2$ のグラフを

　　$y$ 軸方向に $q$ だけ平行移動したグラフ

で，放物線の軸は $y$ **軸**（**直線** $x＝0$），頂点は**点** $(0,\ q)$ になります。

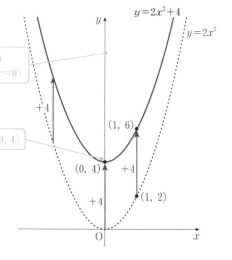

---

（例題）

　2次関数 $y＝-x^2＋3$ のグラフは $y＝-x^2$ のグラフをどのように平行移動したグラフか。また，頂点の座標を求めよ。

---

　2次関数 $y＝-x^2＋3$ のグラフは，

$y＝-x^2$ を ［ア　］軸方向に ［イ　］だけ

平行移動したグラフであり，

頂点の座標は $\left(\ \boxed{\phantom{ウ}}\ ,\ \boxed{\phantom{エ}}\ \right)$ である。

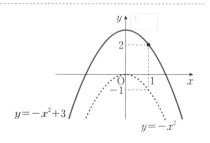

**1** 次の 2 次関数は［ ］内の 2 次関数をどのように移動したグラフか説明し，頂点の座標を求めよ。

(1) $y=x^2-2$ ［$y=x^2$］

(2) $y=-\dfrac{1}{2}x^2+3$ ［$y=-\dfrac{1}{2}x^2$］

**CHALLENGE** 2 次関数 $y=\dfrac{1}{2}x^2+2$ の頂点の座標を求め，グラフをかけ。

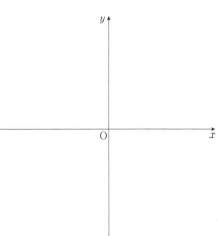

HINT $y=\dfrac{1}{2}x^2$ を $y$ 軸方向にどれだけ平行移動したグラフか調べよう。

✓ CHECK
**31講で学んだこと**

□ 2 次関数 $y=ax^2+q$ のグラフは，$y=ax^2$ のグラフを $y$ 軸方向に $q$ だけ平行移動した放物線である。
□ 2 次関数 $y=ax^2+q$ の軸は $y$ 軸，頂点は点 $(0, q)$ である。

**32講**　$x$軸方向への平行移動がカギ！

# $y=a(x-p)^2$ のグラフ

▶ここからはじめる　今回は，関数 $y=a(x-p)^2$ のグラフについて学習します。これも $y=ax^2$ のグラフを平行移動すると得られます。ただし，今回の $y=a(x-p)^2$ は $x$ 軸方向に平行移動させます。前回同様，軸と頂点にも注目です。

POINT
## $y=a(x-p)^2$ は $y=ax^2$ のグラフを $x$ 軸方向に $p$ だけ動かした放物線

（例）　$y=2(x-3)^2$ のグラフを $y=2x^2$ のグラフと比べます。

| $x$ | … | $-3$ | $-2$ | $-1$ | $0$ | $1$ | $2$ | $3$ | $4$ | $5$ | $6$ | … |
|---|---|---|---|---|---|---|---|---|---|---|---|---|
| $2x^2$ | … | 18 | 8 | 2 | 0 | 2 | 8 | 18 | … | … | … | … |
| $2(x-3)^2$ | … | … | … | … | 18 | 8 | 2 | 0 | 2 | 8 | 18 | … |

　$2(x-3)^2$ の値は，$2x^2$ の値を全体に右へ $3$ だけずらしたものになっています。

　したがって，$y=2(x-3)^2$ のグラフは，$y=2x^2$ のグラフを

　　　$x$ 軸方向に $3$ だけ平行移動

したグラフということがわかります。

　グラフを実際にかいてみると，右の図のようになります。

　一般に，**$y=a(x-p)^2$ のグラフは，$y=ax^2$ のグラフを**

　　　$x$ 軸方向に $p$ だけ平行移動したグラフ

で，放物線の軸は**直線 $x=p$**，
頂点は**点 $(p, 0)$** になります。

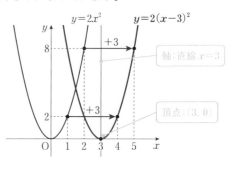

軸：直線 $x=3$

頂点：$(3, 0)$

$(p, 0)$ を通り $x$ 軸に垂直な直線

---

（例）（題）

　2次関数 $y=(x+1)^2$ のグラフは $y=x^2$ をどのように平行移動したグラフか。また，頂点の座標を求めよ。

---

　$y=(x+1)^2$ は，$y=\left\{x-\left(\boxed{\phantom{ア}}\right)\right\}^2$ と表すことができるので，このグラフは $y=x^2$ を $\boxed{\phantom{イ}}$ 軸方向に

$\boxed{\phantom{ウ}}$ だけ平行移動したグラフとなる。

　よって，軸は直線 $x=\boxed{\phantom{エ}}$ であり，頂点の座標は

$\left(\boxed{\phantom{オ}}, \boxed{\phantom{カ}}\right)$ である。

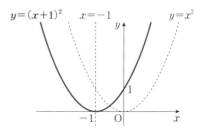

**1** 次の2次関数のグラフは[ ]内の2次関数のグラフをどのように平行移動したグラフか。また，軸と頂点の座標を求めよ。

(1) $y=\dfrac{1}{2}(x+2)^2$ $\left[y=\dfrac{1}{2}x^2\right]$

(2) $y=-2(x-3)^2$ $[y=-2x^2]$

**CHALLENGE** $y=-2(x+3)^2$ のグラフの軸と頂点の座標を求め，グラフをかけ。

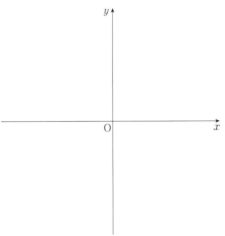

HINT $y=-2\{x-(-3)\}^2$ と変形して考えよう。

**CHECK**
**32講で学んだこと**

□ 2次関数 $y=a(x-p)^2$ のグラフは，$y=ax^2$ のグラフを $x$ 軸方向に $p$ だけ平行移動した放物線である。
□ 2次関数 $y=a(x-p)^2$ の軸は直線 $x=p$，頂点は点 $(p, 0)$ である。

# 33講　$y=a(x-p)^2+q$ のグラフ

$y=a(x-p)^2+q$ のグラフは平行移動の組み合わせでかく！

▶ ここからはじめる　今回は，関数 $y=a(x-p)^2+q$ のグラフについて学習しましょう。ここまでで学んだ $y=ax^2+q$ のグラフのかき方と，$y=a(x-p)^2$ のグラフのかき方を組み合わせれば，いろいろな放物線がかけるようになります。

## $y=a(x-p)^2+q$ は $y=ax^2$ を $x$ 軸方向に $p$，$y$ 軸方向に $q$ 平行移動

（例）　$y=2(x-3)^2+4$ のグラフを考えます。

$y=2x^2$ のグラフを

　　　$x$ 軸方向に 3 だけ平行移動

すると，

　　　$y=2(x-3)^2$

さらにこのグラフを

　　　$y$ 軸方向に 4 だけ平行移動

すると，

　　　$y=2(x-3)^2+4$

となります。

放物線の軸は，**直線 $x=3$**，頂点は**点 $(3, 4)$** になります。

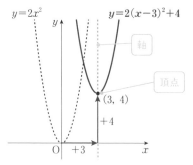

**公式**

【$y=a(x-p)^2+q$ のグラフ】

一般に，$y=a(x-p)^2+q$ のグラフは，$y=ax^2$ のグラフを

**$x$ 軸方向に $p$，$y$ 軸方向に $q$ だけ**

**平行移動した放物線**

で，軸は**直線 $x=p$**，頂点は**点 $(p, q)$**。

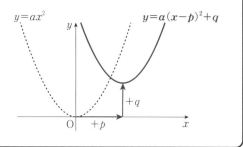

---

例題

2次関数 $y=-(x-2)^2+1$ のグラフは $y=-x^2$ のグラフをどのように平行移動したグラフか。また，軸と頂点の座標を求めよ。

- - - - - - - - - - - - - - - - - - - - - - - - - - - - - - - - - -

$y=-(x-2)^2+1$ のグラフは，$y=-x^2$ を

$x$ 軸方向に 　　　 だけ平行移動し，

$y$ 軸方向に 　　　 だけ平行移動したグラフである。

　軸は，直線 $x=$ 　　　 であり，

頂点の座標は $\left(\boxed{\phantom{xx}}, \boxed{\phantom{xx}}\right)$ である。

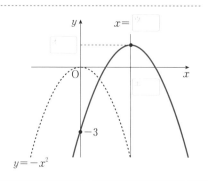

**1** 次の 2 次関数は [ ] 内のグラフをどのように平行移動したグラフか。また，軸と頂点の座標を求めよ。

(1) $y=3(x-1)^2-2$ $[y=3x^2]$

(2) $y=-2(x+1)^2+2$ $[y=-2x^2]$

CHALLENGE　2 次関数 $y=-\dfrac{1}{2}(x-2)^2-1$ の軸と頂点の座標を求め，グラフをかけ。

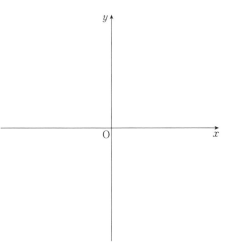

✔ CHECK
**33講で学んだこと**

□ $y=a(x-p)^2+q$ のグラフは，$y=ax^2$ のグラフを $x$ 軸方向に $p$，$y$ 軸方向に $q$ 平行移動したグラフである。

□ $y=a(x-p)^2+q$ の軸は直線 $x=p$，頂点は点 $(p, q)$ である。

## 34講　2乗の形を作ろう！

# 平方完成

▶ ここからはじめる　ここでは，$y=ax^2+bx+c$ を $y=a(x-p)^2+q$ の形に変形する（平方完成という）方法を学びます。$y=a(x-p)^2+q$ の形にすることで，軸や頂点がわかり，グラフをかくことができます。変形の仕方をていねいに学習していきましょう！

例えば，$y=(x-3)^2+5$ の右辺を展開して整理すると，

$$y=(x-3)^2+5=(x^2-6x+9)+5=x^2-6x+14$$

となりますね。

逆に $y=x^2-6x+14$ を $y=(x-3)^2+5$ の形に変形する方法（**平方完成**）を学びましょう！

### POINT 1　$x^2-\square x=\left(x-\dfrac{\square}{2}\right)^2-\left(\dfrac{\square}{2}\right)^2$ を利用する！

$y=x^2-6x+14$ の平方完成を $\square=6$ として行ってみましょう。

$$y=x^2-\boxed{6}x+14$$
$$\downarrow \text{半分}$$
$$=(x-\underline{3})^2-3^2+14$$
$$=(x-3)^2+5$$

$(x-3)^2=x^2-6x+3^2$
だから，余計に出てくる $3^2$ をひく

$$\left(x-\dfrac{\square}{2}\right)^2=x^2-2x\cdot\dfrac{\square}{2}+\left(\dfrac{\square}{2}\right)^2$$
$\left(\dfrac{\square}{2}\right)^2$ を移項すると，
$$x^2-\square x=\left(x-\dfrac{\square}{2}\right)^2-\left(\dfrac{\square}{2}\right)^2$$
$x$ の係数の半分

### POINT 2　$x^2$ の係数が 1 ではないときは，$x^2$ の係数でくくる！

$y=2x^2+8x+9$ を平方完成してみましょう！

| 手順1 | $x^2$ の係数でくくる。 | $y=2(x^2+4x)+9$ |
| --- | --- | --- |
| 手順2 | かっこの中を平方完成！ | $=2\{(x+2)^2-2^2\}+9$ |
| 手順3 | 展開して整理する。 | $=2(x+2)^2-8+9$ |
| | | $=2(x+2)^2+1$ |

---

#### 例題

次の2次関数を平方完成せよ。

**1**　$y=x^2+8x-5$

**2**　$y=-2x^2-4x+7$

········································································

**1**
$$y=\left(x+\boxed{\phantom{ア}}\right)^2-\boxed{\phantom{イ}}^2-5$$
$$=\left(x+\boxed{\phantom{ウ}}\right)^2-\boxed{\phantom{エ}}$$

**2**
$$y=-2\left(x^2+\boxed{\phantom{オ}}x\right)+7$$
$$=-2\left\{\left(x+\boxed{\phantom{カ}}\right)^2-\boxed{\phantom{キ}}^2\right\}+7$$
$$=-2\left(x+\boxed{\phantom{ク}}\right)^2+\boxed{\phantom{ケ}}+7$$
$$=-2\left(x+\boxed{\phantom{コ}}\right)^2+\boxed{\phantom{サ}}$$

**1** 次の 2 次関数を平方完成せよ。

(1)　$y = x^2 - 2x - 3$

(2)　$y = 3x^2 - 18x + 6$

**CHALLENGE**　2 次関数 $y = -3x^2 + 9x + 1$ を平方完成せよ。

HINT　$x$ の係数が奇数になった場合は分数を利用しよう。

✔ CHECK
**34講で学んだこと**

☐ $x^2 - \square x = \left(x - \dfrac{\square}{2}\right)^2 - \left(\dfrac{\square}{2}\right)^2$ を利用する。

☐ $x^2$ の係数が 1 でないときは，$x^2$ の係数でくくる。

# 35講 $y=ax^2+bx+c$ は平方完成して $y=a(x-p)^2+q$ に！

## $y=ax^2+bx+c$ のグラフ

▶ ここからはじめる　2次関数が $y=ax^2+bx+c$ の形で与えられたときのグラフのかき方を学びます。$y=a(x-p)^2+q$ のグラフは学習しましたね。よって、まず $y=ax^2+bx+c$ を平方完成して $y=a(x-p)^2+q$ の形に変形することを考えてみましょう。

## $y=ax^2+bx+c$ を $y=a(x-p)^2+q$ の形にしてグラフをかこう

**平方完成**を用いて、$y=ax^2+bx+c$ の式を $y=a(x-p)^2+q$ の形にすれば、放物線の軸や頂点を求めることができます。

（例）　$y=x^2-8x+13$ のグラフ

$$y=x^2-⑧x+13$$
$$\downarrow \text{半分}$$
$$=(x-④)^2-4^2+13$$
$$=(x-4)^2-3$$

> $x^2-kx=\left(x-\dfrac{k}{2}\right)^2-\left(\dfrac{k}{2}\right)^2$
> と変形します（今回は $k=8$）

> 軸が $x=4$ だから、この点の $x$ 座標は $4+4=8$

これは $y=x^2$ を $x$ 軸方向に 4，$y$ 軸方向に $-3$ だけ平行移動したグラフであり、軸は直線 $x=4$，頂点は $(4, -3)$ です。

よって、右の図のようになります。

> $x=0$ を代入したときの $y$ の値。

$y=x^2$　$y=x^2-8x+13$

> グラフをかく問題では、通る3点がわかるようにしておこう。

## 例題

2次関数 $y=3x^2+6x+7$ の軸と頂点の座標を求め、グラフをかけ。

$$y=3x^2+6x+7$$
$$=3\left(x^2+\boxed{\phantom{ア}}x\right)+7$$
$$=3\left\{\left(x+\boxed{\phantom{イ}}\right)^2-\boxed{\phantom{ウ}}^2\right\}+7$$
$$=3\left(x+\boxed{\phantom{エ}}\right)^2-\boxed{\phantom{オ}}+7$$
$$=3\left(x+\boxed{\phantom{カ}}\right)^2+\boxed{\phantom{キ}}$$

これは $y=\boxed{\phantom{ク}}x^2$ を $x$ 軸方向に $\boxed{\phantom{ケ}}$，$y$ 軸方向に $\boxed{\phantom{コ}}$ だけ平行移動したグラフであり、軸は直線 $x=\boxed{\phantom{サ}}$，頂点の座標は $\left(\boxed{\phantom{シ}}, \boxed{\phantom{ス}}\right)$ である。

よって、グラフは右の図のようになる。

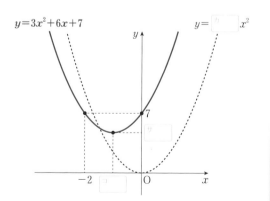

$y=3x^2+6x+7$　$y=\boxed{\phantom{セ}}x^2$

> 通る3点は頂点と $y$ 切片と $y$ 切片の軸に関する対称点がおススメ！

演 習

**1** 次の2次関数の軸と頂点の座標を求め、グラフをかけ。

$$y=-x^2-2x+4$$

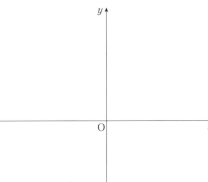

CHALLENGE 次の2次関数の軸と頂点の座標を求め、グラフをかけ。

$$y=2x^2+3x+1$$

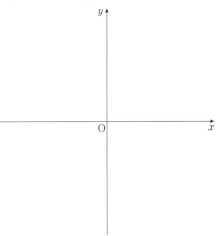

✓ CHECK
**35**講で学んだこと

□ $y=ax^2+bx+c$のグラフは、$y=a(x-p)^2+q$の形にしてかく。

□ グラフをかく問題では通る3点がわかるようにしておく。

## 36講　2次関数の最大値・最小値はグラフをかいて求める！

# 2次関数の最大値・最小値

▶ここからはじめる　今回は2次関数の定義域（$x$のとりうる値の範囲）に制限がない場合の最大値・最小値の求め方を学習します。最大値・最小値はグラフをかくことで求められます。$x^2$の係数によって，下に凸か上に凸かが変わってくるので注意しましょう！

## 下に凸なら頂点で最小，上に凸なら頂点で最大

2次関数 $y=a(x-p)^2+q$ は，

(i)　$a>0$（下に凸）のとき
　　$x=p$で**最小値**$q$をとり，
　　最大値はない

(ii)　$a<0$（上に凸）のとき
　　$x=p$で**最大値**$q$をとり，
　　最小値はない

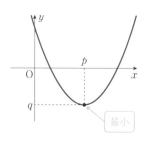

$y$座標はいくらでも大きくなるので最大値はない。

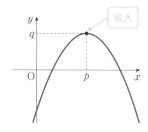

$y$座標はいくらでも小さくなるので最小値はない。

定義域に制限がない場合の2次関数 $y=a(x-p)^2+q$ の**最大値**や**最小値**は，「存在しない」か「**頂点の$y$座標**」となるかのいずれかになります。

---

### 例題

次の2次関数の最小値，最大値を求めよ。

❶　$y=2(x-1)^2+3$　　　　　❷　$y=-3(x+2)^2-1$

---

❶　下に凸のグラフなので，

$x=\boxed{\phantom{ア}}$　のとき最小値は$\boxed{\phantom{イ}}$，

最大値は$\boxed{\phantom{ウ}}$

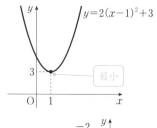

$y=2(x-1)^2+3$

❷　上に凸のグラフなので，

最小値は$\boxed{\phantom{エ}}$，

$x=\boxed{\phantom{オ}}$　のとき最大値は$\boxed{\phantom{カ}}$

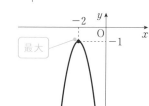

$y=-3(x+2)^2-1$

## 演 習

**1** 次の 2 次関数の最小値，最大値を求めよ。

(1) $y=2(x+1)^2-4$

(2) $y=-\dfrac{1}{2}(x-5)^2-1$

(3) $y=\dfrac{2}{3}(x-3)^2+5$

(4) $y=-2(x+4)^2-4$

**CHALLENGE** 2 次関数 $y=-2x^2+3x-1$ の最小値，最大値を求めよ。

HINT 平方完成して $y=a(x-p)^2+q$ の形をつくろう！

✔ CHECK
36講で学んだこと

□ 下に凸のグラフは，最小値は頂点の $y$ 座標，最大値はない。
□ 上に凸のグラフは，最大値は頂点の $y$ 座標，最小値はない。

**37講** 制限付きの範囲で最大値・最小値を求めるときもグラフをかこう！

# 限られた範囲での最大値・最小値

▶ ここからはじめる　2次関数の定義域（$x$のとりうる値の範囲）に制限がある場合の最大値・最小値の求め方を学習をします。ここでも，2次関数のグラフをかいて$y$座標がとりうる値を調べれば最大値・最小値を求めることができます！

**POINT**

## 定義域に制限がある場合は定義域内のグラフをかいて調べる

（例1）　$y=2(x-1)^2+1$ $(0 \leqq x \leqq 3)$ の最大値，最小値を求めよ。

$y=2(x-1)^2+1$ の $0 \leqq x \leqq 3$ におけるグラフは，右の図の実線部分になるので，

$x=3$ のとき，最大値 9，
$x=1$ のとき，最小値 1

（例2）　$y=(x-3)^2-4$ $(-1 \leqq x \leqq 2)$ の最大値，最小値を求めよ。

$y=(x-3)^2-4$ の $-1 \leqq x \leqq 2$ におけるグラフは，右の図の実線部分になるので，

$x=-1$ のとき，最大値 12，
$x=2$ のとき，最小値 $-3$

このように，下に凸のグラフの最小値については，

（ⅰ）　軸が定義域より右　　（ⅱ）　軸が定義域の中　　（ⅲ）　軸が定義域より左
　**右端で最小**　　　　　　　　**頂点で最小**　　　　　　　　**左端で最小**
　（例2 の状況）　　　　　　　　（例1 の状況）　　　　　　　　（例題の状況）

下に凸のグラフの最大値については，

（ⅰ）　右端の方が左端より軸から遠いとき　　（ⅱ）　左端の方が右端より軸から遠いとき
　**右端で最大**（例1 の状況）　　　　　　　　**左端で最大**（例2 の状況）

---

（例）（題）

2次関数 $y=3x^2+6x+1$ $(0 \leqq x \leqq 2)$ の最大値と最小値，およびそのときの$x$の値を求めよ。

---

$y=3x^2+6x+1$

$\quad =3\left(x+\boxed{\phantom{7}}\right)^2-\boxed{\phantom{7}}$

よって，

$\quad x=\boxed{\phantom{7}}$ のとき，最大値 $\boxed{\phantom{7}}$，

$\quad x=\boxed{\phantom{7}}$ のとき，最小値 $\boxed{\phantom{7}}$

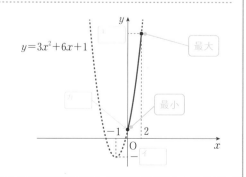

演 習

**1** 次の2次関数の最大値と最小値, およびそのときの$x$の値を求めよ。

(1)　$y = x^2 - 2x - 3$　$(0 \leqq x \leqq 4)$

(2)　$y = \dfrac{1}{2}x^2 - 2x$　$(-1 \leqq x \leqq 1)$

**CHALLENGE** 　2次関数 $y = -x^2 + 6x - 7$ の次の範囲における最大値と最小値, およびそのときの$x$の値を求めよ。

(1)　$-1 \leqq x \leqq 4$

(2)　$4 \leqq x \leqq 6$

\\ ｜ /／
HINT　平方完成して定義域内のグラフをかこう！　下に凸か上に凸かにも注意すること！

✔ CHECK
**37講で学んだこと**

□ 定義域に制限がある場合, 定義域内のグラフをかいて調べる。

Chapter **3**

2次関数 ― 37講 ▼ 限られた範囲での最大値・最小値

# 38講　2次関数のグラフと$x$軸との共有点の$x$座標は2次方程式の解！
# 2次関数のグラフと2次方程式

▶ ここからはじめる　今回は，2次関数$y=ax^2+bx+c$と$x$軸($y=0$)の共有点の座標の求め方の学習をします。2次関数と2次方程式には密接な関係があります。自由に行き来できるようにしておきましょう。

## $ax^2+bx+c=0$ の解は，$y=ax^2+bx+c$ と $y=0$ の共有点の$x$座標

2次関数$y=ax^2+bx+c$のグラフと$x$軸($y=0$)が共有点をもつとき，共有点の$x$座標は，2つの式を連立させて$y$を消去した

**2次方程式$ax^2+bx+c=0$ の実数解**

となります。

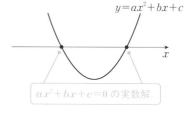

（例1）　$y=x^2-4x+3$ と $x$軸の共有点の$x$座標を求めよ。

$y=x^2-4x+3$ と $y=0$($x$軸)を連立すると，

$$x^2-4x+3=0$$
$$(x-1)(x-3)=0$$
$$x=1,\ 3$$

（共有点の座標は$(1,\ 0)$と$(3,\ 0)$）

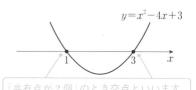

（例2）　$y=x^2+2x+1$ と $x$軸の共有点の$x$座標を求めよ。

$y=x^2+2x+1$ と $y=0$($x$軸)を連立すると，

$$x^2+2x+1=0$$
$$(x+1)^2=0$$
$$x=-1$$

（共有点の座標は$(-1,\ 0)$）

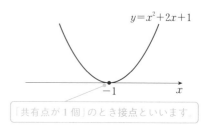

---

（例）（題）

2次関数$y=2x^2+x-6$のグラフと$x$軸の共有点の座標を求めよ。

---

$y=2x^2+x-6$ と $y=0$ を連立すると，

$$2x^2+x-6=0$$
$$\left(x+\boxed{\phantom{ア}}\right)\left(2x-\boxed{\phantom{イ}}\right)=0$$
$$x=\boxed{\phantom{ウ}},\ \boxed{\phantom{エ}}$$

よって，共有点の座標は

$$\left(\boxed{\phantom{ウ}},\ 0\right),\ \left(\boxed{\phantom{エ}},\ 0\right)$$

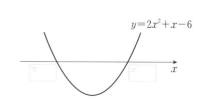

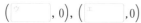

演 習 の解答 → 別冊 P.39

1 次の 2 次関数のグラフと $x$ 軸の共有点の座標を求めよ。

(1) $y=-x^2+6x-9$ 　　　　　　　(2) $y=3x^2+5x-2$

CHALLENGE 　 2 次関数 $y=3x^2+8x+2$ のグラフと $x$ 軸の共有点の座標を求めよ。

\ | /
HINT 　因数分解できない場合は解の公式を用いる。

✔ CHECK
38講で学んだこと

□ 2 次関数 $y=ax^2+bx+c$ のグラフと $x$ 軸との共有点の $x$ 座標は，2 次方程式 $ax^2+bx+c=0$ の解である。

## 39講　2次不等式はグラフを利用して解く！

# 2次不等式(1)

▶ ここからはじめる　$ax^2+bx+c>0\,(a\neq0)$ のように右辺が $0$ になるように整理したときに、左辺が 2 次式となる不等式を「2 次不等式」といいます。2 次不等式の「解」はグラフを利用することで解きやすくなります。

## 2次不等式はグラフを利用して解く！

例　2 次不等式 $(x+1)(x-3)>0$ を解け。

この 2 次不等式の解は、$y=(x+1)(x-3)$ のグラフが $y=0\,(x$ 軸$)$ より上側にある部分の $x$ の値の範囲になります。

$x<-1$ の部分と $3<x$ の部分であれば、$y=(x+1)(x-3)$ のグラフが $y=0$ の上側になっていますね。よって、解は、

$x<-1,\ 3<x$　←　「, 」は「または」を表します

また、$(x+1)(x-3)\leqq0$ の解は、$y=(x+1)(x-3)$ のグラフが $y=0\,(x$ 軸$)$ より下側、または $x$ 軸上にある部分の $x$ の値の範囲より、

$-1\leqq x\leqq3$

このように、2 次不等式の問題はグラフを利用して求めます。

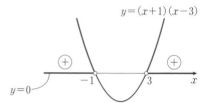

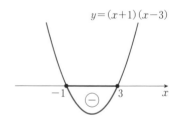

### 例題

次の 2 次不等式を解け。

❶　$x^2<4$ 　　　　　❷　$2x^2-5x-3\geqq0$

---

❶　$x^2<4$
$x^2-4<0$
$\left(x+\boxed{\phantom{ア}}\right)\left(x-\boxed{\phantom{イ}}\right)<0$
$\boxed{\phantom{ウ}}<x<\boxed{\phantom{エ}}$

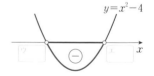

❷　$2x^2-5x-3\geqq0$
$\left(\boxed{\phantom{オ}}x+\boxed{\phantom{カ}}\right)\left(x-\boxed{\phantom{キ}}\right)\geqq0$
$x\leqq\boxed{\phantom{ク}},\ \boxed{\phantom{ケ}}\leqq x$

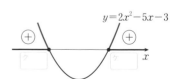

例題 の解答　ア 2　イ 2　ウ −2　エ 2　オ 2　カ 1　キ 3　ク $-\dfrac{1}{2}$　ケ 3

演習

**1** 次の2次不等式を解け。

(1)　$x^2+5x-36<0$

(2)　$4x^2-5\geqq0$

(3)　$3x^2+x-2>0$

(4)　$2x^2-7x-4\leqq0$

**CHALLENGE**　次の2次不等式を解け。

(1)　$x^2+5x+1<0$

(2)　$-2x^2+3x+1\leqq0$

---

HINT　(1)　$x^2+5x+1=0$ を解いて，$y=x^2+5x+1$ と $x$ 軸との共有点の $x$ 座標を求めよう。　(2)　両辺を $-1$ 倍して，$x^2$ の係数を正の数にして考えよう！

　✔ CHECK
**39講**で学んだこと

□ 2次不等式はグラフを利用して解く。

# 40講

グラフが$x$軸と接する場合の2次不等式もグラフの状況をとらえて解く！

# 2次不等式(2)

▶ ここからはじめる　前回は，2次関数 $y=ax^2+bx+c$ と$x$軸($y=0$)が異なる2つの共有点をもつ場合の2次不等式の解の求め方を学びました。今回は，2次関数 $y=ax^2+bx+c$ と$x$軸が接するときの2次不等式の解の求め方を学習します。

## グラフの状況を的確にとらえ，意味を考えて解く！

$y=a(x-p)^2$ のグラフは**頂点が$(p, 0)$**ですから，右の図のように$x$軸に接しています。

このように，グラフが$x$軸と接する場合の2次不等式も，グラフを用いて解くことができます。

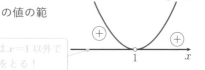

（図は $a>0$ の場合）　$y=a(x-p)^2$

（例1）　2次不等式 $(x-1)^2>0$ を解け。

$y=(x-1)^2$ のグラフが$x$軸($y=0$)より上側となる$x$の値の範囲が解であるから，

**1以外のすべての実数($x<1, 1<x$)**

$y$座標は $x=1$ 以外で正の値をとる！

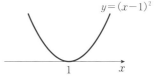

$y=(x-1)^2$

（例2）　2次不等式 $(x-1)^2<0$ を解け。

$y=(x-1)^2$ のグラフが$x$軸($y=0$)より下側となる$x$の値の範囲が解であるから，

**ない**

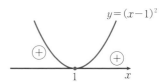

$y=(x-1)^2$

（例3）　2次不等式 $(x-1)^2\geqq0$ を解け。

$y=(x-1)^2$ のグラフが$x$軸($y=0$)より上側または$x$軸上となる$x$の値の範囲が解であるから，

**すべての実数**

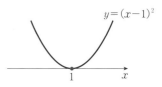

$y=(x-1)^2$

（例4）　2次不等式 $(x-1)^2\leqq0$ を解け。

$y=(x-1)^2$ のグラフが$x$軸($y=0$)より下側または$x$軸上となる$x$の値の範囲が解であるから，

**$x=1$**

$y=(x-1)^2$

### 例題

次の2次不等式を解け。

**1**　$x^2+12x+36<0$

**2**　$x^2+12x+36\geqq0$

---

**1**　$x^2+12x+36<0$

$\left(x+\boxed{\phantom{ア}}\right)^2<0$

よって，解は，

$\boxed{\phantom{ウ}}$

**2**　$x^2+12x+36\geqq0$

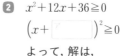

$\left(x+\boxed{\phantom{ア}}\right)^2\geqq0$

よって，解は，

$\boxed{\phantom{エ}}$

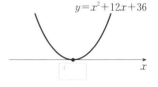

$y=x^2+12x+36$

**演 習**

**1** 次の 2 次不等式を解け。

(1)　$x^2+4x+4<0$

(2)　$x^2-14x+49>0$

(3)　$9x^2+6x+1\leqq0$

(4)　$4x^2-12x+9\geqq0$

**CHALLENGE** 次の 2 次不等式を解け。
$$-2x^2+12x-18\geqq0$$

┊┊┊
HINT　両辺を $-2$ で割って $x^2$ の係数を正にしよう。

**✔ CHECK**
**40講で学んだこと**

□ グラフが $x$ 軸に接するときも，2 次不等式の意味を考え，グラフを利用して解く。

**41講** グラフが$x$軸より上にある場合の2次不等式もグラフを利用して考える！

# 2次不等式(3)

▶ ここからはじめる　今回は2次関数$y=ax^2+bx+c$が$x$軸$(y=0)$と共有点をもたない場合の2次不等式の解の求め方を学びます。これまでと同様，グラフを利用して考えます。不等号の向きや等号の有無にも気をつけましょう。

## 解の公式の$\sqrt{\ }$ の中が負となるときの2次不等式もグラフで考えよう！

(例)　2次不等式$x^2-2x+4>0$を解け。

$y=x^2-2x+4$と$y=0$($x$軸)の共有点の$x$座標が知りたいので，連立して$y$を消去し，$x^2-2x+4=0$とします。左辺は因数分解できないので，解の公式を使ってみましょう。

$$x=\frac{-(-2)\pm\sqrt{(-2)^2-4\cdot1\cdot4}}{2\cdot1}$$
$$=\frac{2\pm\sqrt{-12}}{2}$$

（$ax^2+bx+c=0$の解は，$x=\dfrac{-b\pm\sqrt{b^2-4ac}}{2a}$）

すると，$\sqrt{\ }$ **の中が負の数**になってしまいました。$\sqrt{-12}$は2乗すると$-12$になる数を表しますが，実数ではそのような数はないので，**実数解がない**ということになります。

連立して$y$を消去した方程式の実数解は共有点の$x$座標を表すので，実数解がないということは共有点がないことを意味します。

よって，右の図のような状態になります。

$x^2-2x+4>0$の解は，

　$y=x^2-2x+4$**のグラフが**$y=0$($x$軸)**より上側となる**$x$**の値の範囲**

より，

　　**すべての実数**

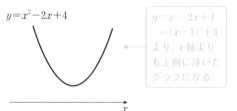

（$y=x^2-2x+4$$=(x-1)^2+3$より，$x$軸よりも上側に浮いたグラフになる。）

（$x$にどのような実数を代入しても$x^2-2x+4>0$は成り立つ。）

となります。このようにグラフが$x$軸と共有点をもたない場合も，2次不等式の意味を考えグラフを利用して解きます。

### 例題

次の2次不等式を解け。

　　$x^2-6x+10\leqq0$

（$x^2$の係数が正だから，下に凸のグラフとわかる。さらに，下に凸のグラフで共有点をもたないので，$x$軸の上側に浮くグラフだとわかる！）

$x^2-6x+10=0$とすると，

$$x=\frac{6\pm\sqrt{\boxed{\phantom{ア}}}}{2}$$

より，2次方程式は実数解をもたない。

よって，$x^2-6x+10\leqq0$の解は$\boxed{\phantom{イ}}$。

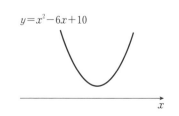
$y=x^2-6x+10$

**1** 次の 2 次不等式を解け。

(1)　$x^2+4x+6<0$

(2)　$x^2-3x+4\geqq0$

(3)　$3x^2-5x+8>0$

(4)　$2x^2+4x+5\leqq0$

**CHALLENGE**　次の 2 次不等式を解け。
　　　　　　　$-2x^2+3x-6\geqq0$

HINT　両辺を−1倍する。

✔ CHECK
**41講で学んだこと**

□ グラフが$x$軸と共有点をもたないときも，2 次不等式の意味を考え，グラフを利用して解く。

## 42講　相似とは2つの図形における拡大・縮小の関係！
# 相似な三角形

▶ ここからはじめる　今回は,「相似な三角形」について学習します。形が同じ図形の関係を相似といいます。例えば, 実際の日本の形と日本地図はほぼ相似です。相似を活用すれば, 地図上の長さを測ることで, 実際の距離を求めることができます。

### POINT 1　2つの図形における拡大・縮小の関係を相似という

片方を**拡大・縮小**するともう片方に一致するとき, 2つの図形は**相似**であるといいます。

四角形ABCDと四角形EFGHが相似であることを**四角形ABCD∽四角形EFGH**(対応する頂点順にかく)と表します。

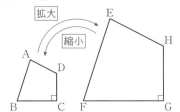

### POINT 2　相似な図形は対応する辺の比と角の大きさがすべて等しい

相似な図形の対応する線分の長さの比と角の大きさはすべて同じになります。次の図では△ABC∽△DEFです。このとき, 対応する線分はABとDE, BCとEF, CAとFDになります。

$$AB:DE=4:8 \qquad BC:EF=2:4 \qquad CA:FD=3:6$$
$$=1:2 \qquad\qquad =1:2 \qquad\qquad =1:2$$

この長さの比のことを**相似比**といいます。
また, 対応する角もそれぞれ等しくなります。

$$\angle BAC=\angle EDF, \quad \angle CBA=\angle FED,$$
$$\angle ACB=\angle DFE$$

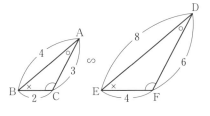

### POINT 3　相似条件は3つ

次の(i)〜(iii)のうちいずれかが成り立つとき, 2つの三角形は相似になります。

(i)　**3組の辺の比が, すべて等しい**
(ii)　**2組の辺の比とその間の角が, それぞれ等しい**
(iii)　**2組の角がそれぞれ等しい**

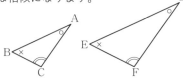

---

#### 例題

右の図は △ABC∽△DEF である。

❶　辺ACに対応する辺を答えよ。
❷　∠ABCに対応する角を答えよ。
❸　△ABCと△DEFの相似比を求めよ。

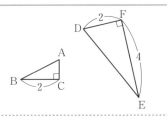

- - - - - - - - - - - - - - - -

❶　辺 [ア＿＿＿]　　❷　∠[イ＿＿＿]

❸　BC:[ウ＿＿]＝2:[エ＿＿] より, 相似比は [オ＿＿]:[カ＿＿]（簡単な整数比で）

**1** 右の2つの四角形は相似である。

(1) 右の2つの四角形が相似の関係であることを記号∽を使って表せ。

(2) ∠BADに対応する角を答えよ。

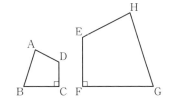

**2** 右の図において△ABC∽△DEFである。

(1) △ABCと△DEFの相似比を求めよ。

(2) DEの長さを求めよ。

(3) ∠CABの大きさを求めよ。

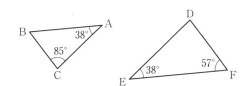

**3** 右の2つの三角形は相似である。相似条件を答えよ。

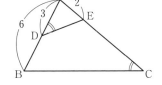

**CHALLENGE** 右の図で, AD=3, AB=6, AE=2,
∠ADE=∠ACBであるとき, 次の問いに答えよ。

(1) 相似な三角形を記号∽を使って表せ。

(2) ACの長さを求めよ。

HINT (1) 2組の角がそれぞれ等しい三角形を探そう。

✔ **CHECK**
**42講で学んだこと**

□ 形が同じ図形の関係を相似といい, 「∽」を使って関係を表す。
□ 対応する線分の長さの比はすべて同じで, その比のことを相似比という。
□ 対応する角はそれぞれすべて等しい。

## 43講 （直角をはさむ 2 辺の 2 乗の和）＝（斜辺）²

# 三平方の定理

▶ ここからはじめる　今回は，「三平方の定理」について学習します。これを学習することで，直角三角形の 3 辺のうち 2 辺の長さがわかれば，残りの 1 辺の長さも求めることができます。さらに，三角定規の 3 辺の長さの比もここで確認しておきましょう。

### POINT 1　三平方の定理

右の図のような直角三角形に対して

$$a^2+b^2=c^2 \quad （三平方の定理）$$

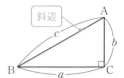

が成り立ちます。

例えば，右の図の直角三角形で $x$ の値を求めてみましょう。

三平方の定理より，

$$1^2+1^2=x^2$$
$$x^2=2$$
$$x>0 \text{ より，} x=\sqrt{2}$$

また，右の図の直角三角形で $x$ の値を求めてみましょう。

三平方の定理より，

$$1^2+x^2=2^2$$
$$x^2=3$$
$$x>0 \text{ より，} x=\sqrt{3}$$

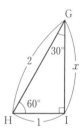

### POINT 2　三角定規の三角形の辺の比

次の 2 つの例は，三角定規の直角三角形です。この三角形の辺の比は必ず次のようになり，非常によく使うので覚えておきましょう。

$$1:1:\sqrt{2}$$

$$1:2:\sqrt{3}$$

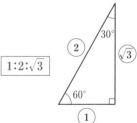

―― 例 題 ――

右の図の $x$ の値を求めよ。

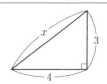

- - - - - - - - - - - - - - - - - - - - - - - - - - - - - - - - - - - - - -

三平方の定理より，$\boxed{\phantom{ア}}^{ア}=4^2+\boxed{\phantom{イ}}^{イ}$ ，$x^2=\boxed{\phantom{ウ}}^{ウ}$

$x>0$ より，$x=\boxed{\phantom{エ}}^{エ}$

1 次の図の $x$ の値を求めよ。

(1)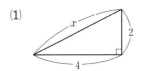

(2)

(3)

2 次の図の $x$, $y$ を求めよ。

(1)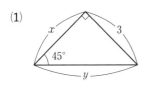

(2)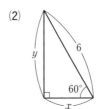

CHALLENGE　右の図の AB の長さを求めよ。

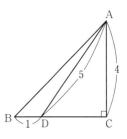

⎲⎳
HINT　直角三角形 ADC, ABC に着目しよう。

✔ CHECK
43講で学んだこと

□ 三平方の定理は　（直角をはさむ 2 辺の 2 乗の和）＝（斜辺）²
□ 45°, 45°, 90° の直角三角形の辺の比は 1:1:√2（斜辺が √2）
□ 30°, 60°, 90° の直角三角形の辺の比は 1:2:√3（斜辺が 2）

**44講** 三角比とは直角三角形の辺の比のこと！

# サイン，コサイン，タンジェント

▶ ここからはじめる　今回は，三角比について学習しましょう！　三角比には$\sin$（サイン），$\cos$（コサイン），$\tan$（タンジェント）の3種類があります。三角比を学習することで，いろいろな三角形の辺の長さや角度が求めやすくなります。

## POINT 1 $\sin$は$\dfrac{たて}{斜辺}$，$\cos$は$\dfrac{よこ}{斜辺}$，$\tan$は$\dfrac{たて}{よこ}$

まずは三角比の定義を覚えよう！

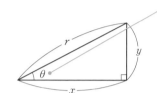

- $\overset{\text{サイン}}{\sin}\theta=\dfrac{y}{r}=\dfrac{(たて)}{(斜辺)}$
- $\overset{\text{コサイン}}{\cos}\theta=\dfrac{x}{r}=\dfrac{(よこ)}{(斜辺)}$
- $\overset{\text{タンジェント}}{\tan}\theta=\dfrac{y}{x}=\dfrac{(たて)}{(よこ)}$

$\theta$は「シータ」と読みます。注目する角を必ず左下にしましょう。

$\sin$, $\cos$, $\tan$のことをまとめて**三角比**といいます。分数は比を表すので，三角比は直角三角形の辺の比を表しています。

## POINT 2 三角比は直角三角形の左下の角で決まる

次の図のような△ABC, △A'B'C'の$\sin\theta$, $\cos\theta$, $\tan\theta$を求めてみましょう。

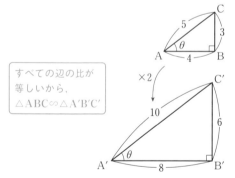

△ABCにおいて

$\sin\theta=\dfrac{3}{5}$, 　$\cos\theta=\dfrac{4}{5}$, 　$\tan\theta=\dfrac{3}{4}$

$\boxed{\dfrac{たて}{斜辺}}$　$\boxed{\dfrac{よこ}{斜辺}}$　$\boxed{\dfrac{たて}{よこ}}$

△A'B'C'において

$\sin\theta=\dfrac{6}{10}=\dfrac{3}{5}$, $\cos\theta=\dfrac{8}{10}=\dfrac{4}{5}$, $\tan\theta=\dfrac{6}{8}=\dfrac{3}{4}$

すべての辺の比が等しいから，△ABC∽△A'B'C'

上の2つの三角形からわかるように，相似な三角形では三角比が同じになります。

つまり，角$\theta$によって直角三角形の辺の比が決まります（形の同じ直角三角形は三角比の値が等しくなります）。

---

例題

右の図の△ABCにおいて，$\sin\theta$, $\cos\theta$, $\tan\theta$の値を求めよ。

$\sin\theta=\dfrac{\boxed{ア}}{\boxed{イ}}$, $\cos\theta=\dfrac{\boxed{ウ}}{\boxed{エ}}$, $\tan\theta=\dfrac{\boxed{オ}}{\boxed{カ}}$

**1** 右の図の △ABC において, $\sin\theta$, $\cos\theta$, $\tan\theta$ の値を求めよ。

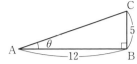

**2** 右の図の △ABC において, $\sin\theta$, $\cos\theta$, $\tan\theta$ の値を求めよ。

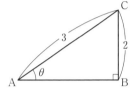

**CHALLENGE** 右の図の △ABC において, $\sin\theta$, $\cos\theta$, $\tan\theta$ の値を求めよ。

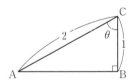

HINT　左下に $\theta$, 右下に直角がくるように向きを変えて考えてみよう。

**✔ CHECK**
**44講で学んだこと**

□ 直角三角形の注目する角を左下にして, $\sin$ は $\dfrac{\text{たて}}{\text{斜辺}}$, $\cos$ は $\dfrac{\text{よこ}}{\text{斜辺}}$, $\tan$ は $\dfrac{\text{たて}}{\text{よこ}}$

□ 三角比は直角三角形の辺の比のことで, $\theta$ によって決まる。

**45講** 有名角の三角比の値は三角定規の辺の比を利用する！

# 有名角の三角比

▶ ここからはじめる 今回は，有名な角の三角比について学習しましょう！　有名な角というのは，つまり三角定規に出てくる角度のことです。三角定規の辺の比を利用すれば，全部で9つの三角比を求めることができます。

## POINT 1 30°の三角比

次の図は，$30°$，$60°$，$90°$の直角三角形で，辺の比は $1:2:\sqrt{3}$ でした。この三角形の辺の比 $1:2:\sqrt{3}$ を使って，$30°$の三角比を求めていきます。

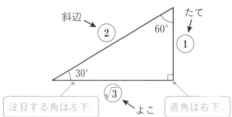

$$\sin 30° = \frac{1}{2}$$ ← ｜たて｜／｜斜辺｜

$$\cos 30° = \frac{\sqrt{3}}{2}$$ ← ｜よこ｜／｜斜辺｜

$$\tan 30° = \frac{1}{\sqrt{3}}$$ ← ｜たて｜／｜よこ｜

## POINT 2 45°の三角比

次の図の $45°$ が出てくる三角定規の形を使って，$45°$の三角比を求めていきます。

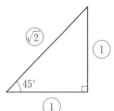

$$\sin 45° = \frac{1}{\sqrt{2}}$$ ← ｜たて｜／｜斜辺｜

$$\cos 45° = \frac{1}{\sqrt{2}}$$ ← ｜よこ｜／｜斜辺｜

$$\tan 45° = \frac{1}{1} = 1$$ ← ｜たて｜／｜よこ｜

## POINT 3 60°の三角比

最後に次の図の直角三角形を使って，$60°$の三角比を求めていきます。

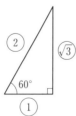

$$\sin 60° = \frac{\sqrt{3}}{2}$$ ← ｜たて｜／｜斜辺｜

$$\cos 60° = \frac{1}{2}$$ ← ｜よこ｜／｜斜辺｜

$$\tan 60° = \frac{\sqrt{3}}{1} = \sqrt{3}$$ ← ｜たて｜／｜よこ｜

---

例題

次の値を求めよ。

**❶** $\tan 30°$　　　**❷** $\sin 45° + \cos 45°$　　　**❸** $\sin 60° + \tan 60°$

- - - - - -

**❶** $\tan 30° = \boxed{\phantom{ア}}$

**❷** $\sin 45° + \cos 45° = \boxed{\phantom{イ}} + \boxed{\phantom{ウ}} = \boxed{\phantom{エ}}$

**❸** $\sin 60° + \tan 60° = \boxed{\phantom{オ}} + \boxed{\phantom{カ}} = \boxed{\phantom{キ}}$

演 習

※$\sin^2\theta$, $\cos^2\theta$, $\tan^2\theta$ は, それぞれ $(\sin\theta)^2$, $(\cos\theta)^2$, $(\tan\theta)^2$ を表す。

**1** 次の値を求めよ。

(1) $\cos 30° + \tan 30°$

(2) $\sin^2 30° + \cos^2 30°$

**2** 次の値を求めよ。

(1) $\sin 45° \cos 45° \tan 45°$

(2) $\dfrac{1}{\cos^2 45°} - \tan^2 45°$

**3** 次の値を求めよ。

(1) $(\cos 60° + \sin 60°)(\cos 60° - \sin 60°)$

(2) $\dfrac{\sin 60°}{\cos 60°}$

CHALLENGE 次の式をみたすような $\theta$ $(0° < \theta < 90°)$ の値をそれぞれ求めよ。

(1) $\sin\theta = \dfrac{1}{2}$

(2) $\cos\theta = \dfrac{1}{\sqrt{2}}$

(3) $\tan\theta = \sqrt{3}$

HINT (1) $\sin$ は $\dfrac{たて}{斜辺}$ なので, (たて):(斜辺)=1:2 の三角形を考えてみましょう！

✔ CHECK
**45講で学んだこと**

☐ $\sin 30° = \dfrac{1}{2}$, $\cos 30° = \dfrac{\sqrt{3}}{2}$, $\tan 30° = \dfrac{1}{\sqrt{3}}$

☐ $\sin 45° = \dfrac{1}{\sqrt{2}}$, $\cos 45° = \dfrac{1}{\sqrt{2}}$, $\tan 45° = 1$

☐ $\sin 60° = \dfrac{\sqrt{3}}{2}$, $\cos 60° = \dfrac{1}{2}$, $\tan 60° = \sqrt{3}$

# 46講 三角比を利用してさまざまな長さを求める！
# 三角比の利用

▶ ここからはじめる　今回は,「三角比の利用」について学習します。ビルからの距離とビルの頂上を見上げる角度がわかれば, 三角比を利用してそのビルの高さを求めることができます。三角比は社会のいろいろな場面で利用されています。

## POINT 1 （たて）＝（斜辺）×sin, （よこ）＝（斜辺）×cos

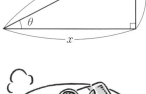

右の図において, $\sin\theta=\dfrac{y}{r}$ です。この両辺を $r$ 倍すると

$$y=r\sin\theta \quad \text{（たて）＝（斜辺）×sin}$$

つまり, 斜辺（$r$）に sin をかけるとたて（$y$）になるということです。

同じように $\cos\theta=\dfrac{x}{r}$ の両辺を $r$ 倍すると,

$$x=r\cos\theta \quad \text{（よこ）＝（斜辺）×cos}$$

つまり, 斜辺（$r$）に cos をかけるとよこ（$x$）になります。

## POINT 2 （たて）＝（よこ）×tan

右の図において, $\tan\theta=\dfrac{y}{x}$ です。この両辺を $x$ 倍すると,

$$y=x\tan\theta \quad \text{（たて）＝（よこ）×tan}$$

つまり, よこ（$x$）に tan をかけるとたて（$y$）になります。

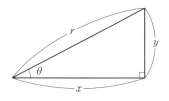

### 例題

次の図について, $x$, $y$, $z$ の長さを, 三角比を用いて表せ。

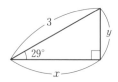

$x=$ [ア]　, $y=$ [イ]　, $z=$ [ウ]

## 演習

**1** 長さ5mのはしごABを壁に立てかけたら，はしごと地面のなす角は58°であった。地面からはしごの上端までの高さACとはしごの下端から壁までの距離BCを小数第2位を四捨五入して求めよ。ただし，$\sin 58°=0.8480$, $\cos 58°=0.5299$ とする。

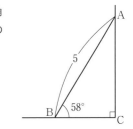

**2** まっすぐに流れている川があり，川を渡らずおよその川幅を求めたい。いま，点Bの真向かいの対岸Aに木が立っていて，点Bから川に沿って3m進んだ点Cで，Bの方向とAの方向のなす角度を測ったところ，66°であった。ABの長さを小数第2位を四捨五入して答えよ。ただし，$\tan 66°=2.2460$ とする。

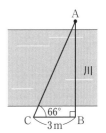

**CHALLENGE** 平地にある木の根元から20m離れた地点で，木の先端を見上げた角（仰角）が32°であった。目の高さを1.5mとするとき，この木の高さを小数第2位を四捨五入して答えよ。ただし，$\tan 32°=0.6249$ とする。

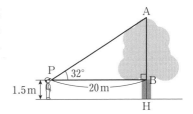

**HINT** 木の高さは右の図のAB+BHです。

**✔ CHECK**
**46講で学んだこと**

☐ 斜辺にsinをかけるとたて（$y=r\sin\theta$）
☐ 斜辺にcosをかけるとよこ（$x=r\cos\theta$）
☐ よこにtanをかけるとたて（$y=x\tan\theta$）

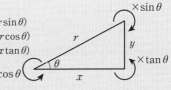

# 47講 sin, cos, tanのうち1つがわかれば残り2つを求められる!
# 三角比の相互関係

▶ ここからはじめる 今回は、「三角比の相互関係」について学習していきます。sin, cos, tanの間に成り立つ関係式を相互関係といいます。相互関係を利用すれば, sin, cos, tanのうち1つがわかれば, 残りの2つを求めることができるようになります。

$\sin\theta$の2乗は$\sin^2\theta$と表します。つまり, $(\sin\theta)^2=\sin^2\theta$です。同じように, $\cos\theta$, $\tan\theta$の2乗をそれぞれ$\cos^2\theta$, $\tan^2\theta$と表します。

## POINT 1 $\sin^2\theta+\cos^2\theta=1$

右の図の直角三角形について, 三平方の定理より,
$$y^2+x^2=r^2$$
となります。この両辺を$r^2$でわると,
$$\frac{y^2}{r^2}+\frac{x^2}{r^2}=\frac{r^2}{r^2} \quad \text{すなわち,} \left(\frac{y}{r}\right)^2+\left(\frac{x}{r}\right)^2=1$$
$\sin\theta=\dfrac{y}{r}$, $\cos\theta=\dfrac{x}{r}$より,
$$\sin^2\theta+\cos^2\theta=1$$

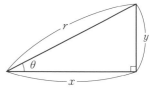

## POINT 2 $\tan\theta=\dfrac{\sin\theta}{\cos\theta}$

$\tan\theta=\dfrac{y}{x}$の右辺の分母と分子を$r$でわると,
$$\tan\theta=\frac{\dfrac{y}{r}}{\dfrac{x}{r}}$$
$\sin\theta=\dfrac{y}{r}$, $\cos\theta=\dfrac{x}{r}$を代入すれば,
$$\tan\theta=\frac{\sin\theta}{\cos\theta}$$

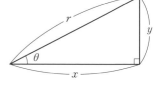

---

例題

$\sin\theta=\dfrac{3}{5}$ ($0°<\theta<90°$) のとき, 次の値を求めよ。

**1** $\cos\theta$

**2** $\tan\theta$

---

**1** $\sin^2\theta+\cos^2\theta=1$ より,

$\cos^2\theta=1-\boxed{\phantom{ア}}^{ア}$

$\phantom{\cos^2\theta}=\boxed{\phantom{イ}}^{イ}$

$\cos\theta>0$ より, $\cos\theta=\boxed{\phantom{ウ}}^{ウ}$

**2** $\tan\theta=\dfrac{\sin\theta}{\cos\theta}$ であり,

$\sin\theta=\dfrac{3}{5}$, $\cos\theta=\boxed{\phantom{ウ}}^{ウ}$ より,

$\tan\theta=\boxed{\phantom{エ}}^{エ}$

**1** $\cos\theta=\dfrac{1}{3}$ $(0°<\theta<90°)$ のとき，次の三角比の値を求めよ。

(1) $\sin\theta$ （2） $\tan\theta$

**2** $\sin\theta=\dfrac{\sqrt{5}}{3}$ $(0°<\theta<90°)$ のとき，次の三角比の値を求めよ。

(1) $\cos\theta$ （2） $\tan\theta$

**CHALLENGE**

(1) $1+\tan^2\theta=\dfrac{1}{\cos^2\theta}$ を証明せよ。

(2) $\tan\theta=2$ $(0°<\theta<90°)$ のとき，$\cos\theta,\ \sin\theta$ の値を求めよ。

**HINT** (1) $\cos^2\theta+\sin^2\theta=1$ の両辺を $\cos^2\theta$ でわってみましょう！

✔ **CHECK**
**47講で学んだこと**

☐ $\sin^2\theta+\cos^2\theta=1$
☐ $\tan\theta=\dfrac{\sin\theta}{\cos\theta}$

## 48講 90°−θで表される三角比は$\cos\theta$, $\sin\theta$, $\dfrac{1}{\tan\theta}$に変形！

# 90°−θの三角比

▶ ここからはじめる　今回は，$\sin(90°-\theta)$など「90°−θの三角比」について学習します。$\sin(90°-\theta)=\sin 90°-\sin\theta$のようにはできないことに注意しましょう。これを学習すると，45°から90°までの三角比を0°から45°までの三角比で表すことができます。

### POINT 1 90°−θの三角比

左下の図の∠B＝90°の直角三角形について，∠A＝$\theta$とおくと，∠A＋∠B＋∠C＝180°より，

　　$\theta+90°+\angle C=180°$　つまり，$\angle C=90°-\theta$

となります。ここで，左下がCとなるように向きを変えた，右下の図のような直角三角形を考えましょう！

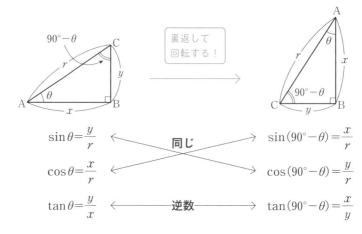

よって，

$$\sin(90°-\theta)=\cos\theta, \quad \cos(90°-\theta)=\sin\theta, \quad \tan(90°-\theta)=\frac{1}{\tan\theta}$$

### POINT 2 0°から45°までの三角比で表す

①の90°−θの三角比の公式を利用して，45°から90°までの三角比を0°から45°までの三角比で表してみましょう。

例　(1)　$\sin 80°=\sin(90°-10°)=\cos 10°$　◀─ $\sin(90°-\theta)=\cos\theta$において$\theta=10°$

　　(2)　$\cos 75°=\cos(90°-15°)=\sin 15°$　◀─ $\cos(90°-\theta)=\sin\theta$において$\theta=15°$

---

#### 例題

❶ $\sin\theta\sin(90°-\theta)-\cos\theta\cos(90°-\theta)$の値を求めよ。

❷ $\tan 55°$を45°以下の三角比で表せ。

---

❶　$\sin\theta\sin(90°-\theta)-\cos\theta\cos(90°-\theta)$

　$=\sin\theta\boxed{\phantom{ア}}^{ア}-\cos\theta\boxed{\phantom{イ}}^{イ}$

　$=\boxed{\phantom{ウ}}^{ウ}$

❷　$\tan 55°$

　$=\tan\left(90°-\boxed{\phantom{エ}}^{エ}\right)$

　$=\boxed{\phantom{オ}}^{オ}$

**1** 次の式の値を求めよ。

(1) $\sin\theta\cos(90°-\theta)+\cos\theta\sin(90°-\theta)$　　(2) $\tan\theta\tan(90°-\theta)-1$

**2** 次の三角比を $45°$ 以下の三角比で表せ。

(1) $\sin 72°$　　　　　　(2) $\cos 56°$　　　　　　(3) $\tan 83°$

**CHALLENGE**　次の式の値を求めよ。

(1) $\cos 10°\cos 80°-\sin 10°\sin 80°$　　(2) $\tan 33°\tan 57°-1$

HINT　(1)(2)　すべて $45°$ 以下の三角比で表してみよう。

✔ CHECK
**48講で学んだこと**

□ $\sin(90°-\theta)=\cos\theta$
□ $\cos(90°-\theta)=\sin\theta$
□ $\tan(90°-\theta)=\dfrac{1}{\tan\theta}$

Chapter **4**

図形と計量 ── **48**講 ▽ 90°−θ の三角比

# 49講　三角比を用いて三角形の面積を求めよう！
# 三角形の面積

▶ ここからはじめる　今回は「三角形の面積」について学習します。三角形の面積は（底辺）×（高さ）÷2 で求めますが，三角比を学習したことで 2 つの辺の長さとその間の角の sin がわかれば，どんな三角形の面積も求めることができるようになります！

## POINT 1　三角形の表記のルール

右の △ABC について，頂点 A, B, C の向かいの辺の長さを $a, b, c$（小文字）で表します。また，∠A, ∠B, ∠C の大きさを単に $A, B, C$ と表すことにします。

例　AC=3 を $b=3$, sin∠A を $\sin A$ などと表します。

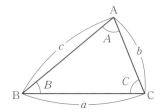

## POINT 2　三角形の面積は $\frac{1}{2}$×2 辺×（その間の角の sin）

三角形の面積は（底辺）×（高さ）×$\frac{1}{2}$ で求めることができました。右の △ABC について BC を底辺としてみると，高さは AH になります。直角三角形 ABH に注目すると

$$\mathrm{AH}=c\sin B$$

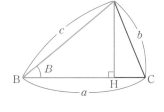

> 三角比の利用を確認！
> $\sin B=\dfrac{\mathrm{AH}}{c}$, $\mathrm{AH}=c\sin B$

となります。よって，

$$\triangle\mathrm{ABC}=\mathrm{BC}\times\mathrm{AH}\times\frac{1}{2}=a\times c\sin B\times\frac{1}{2}=\frac{1}{2}ac\sin B$$

AC を底辺とした場合や，AB を底辺とした場合でも同じように考えることができます。

公式　三角形の面積公式

**△ABC の面積を $S$ とすると，**

$$S=\frac{1}{2}ab\sin C=\frac{1}{2}bc\sin A=\frac{1}{2}ca\sin B$$

> $\frac{1}{2}$×2 辺×（その間の角の sin）

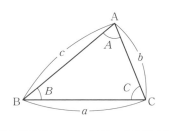

### 例題

右の △ABC について，次の値を求めよ。

❶　$b$　　　　　❷　$\sin B$　　　　　❸　△ABC の面積 $S$

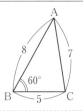

❶　$b=$ [ア]　　　　❷　$\sin B=$ [イ]

❸　$S=\dfrac{1}{2}\times 8\times$ [ウ] $\times$ [エ] $=$ [オ]

## 演習

**1** 右の △ABC について次の値を求めよ。

(1)  $b$

(2)  $\tan C$

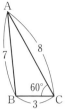

**2** 次の △ABC の面積 $S$ を求めよ。

(1)  $a=2$, $b=1$, $\sin C=\dfrac{1}{4}$

(2)  $b=2\sqrt{3}$, $c=4$, $A=30°$

**CHALLENGE**   △ABC について, $AC=\sqrt{3}$, $BC=2$, $\cos C=\dfrac{1}{3}$ のとき, △ABC の面積 $S$ を求めよ。

ʻ\ ¡ /ʼ
**HINT**   まず, 相互関係を利用して $\sin C$ の値を求めてみましょう。

**✔ CHECK**
**49講で学んだこと**

□ 頂点 A, B, C の向かいの辺の長さを $a$, $b$, $c$(小文字)と表す。
□ ∠A, ∠B, ∠C の大きさを $A$, $B$, $C$ と表す。
□ △ABC の面積 $=\dfrac{1}{2}ab\sin C=\dfrac{1}{2}bc\sin A=\dfrac{1}{2}ca\sin B$

$\left(\dfrac{1}{2}×2辺×(その間の角の\sin)\right)$

## 50講 三角形の3つのsinの値と，3辺の長さの間に成り立つ関係を学ぼう！

# 正弦定理

▶ ここからはじめる 今回は，「正弦定理」について学習します。「正弦」とは"sin"のことで，正弦定理はsinが登場する定理になります。これを利用すると，いろいろな三角形の辺の長さや角度を求められ，さらに外接円の半径も求めることができます。

### POINT 1 円周角の定理

右の図の弧 AB について ∠AOB を中心角，∠APB を円周角といいます。中心角と円周角は次の性質が成り立ちます。

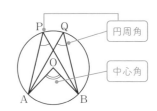

**1** 円周角は中心角の半分 $\left(\angle APB = \dfrac{1}{2}\angle AOB\right)$

**2** 同じ弧に対する円周角は等しい（$\angle APB = \angle AQB$）

**3** 直径に対する円周角は $90°$（$\angle A'P'B' = 90°$）

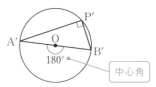

### POINT 2 正弦定理

三角形の3つの頂点を通る円を**外接円**といいます。ここでは，鋭角三角形 ABC について考え，外接円の半径を $R$ とします。

 → 直線BOと外接円との交点をA'とする。 →  BA'＝直径＝2R より，∠BCA'＝90° 円周角の定理より，∠A'＝∠A＝A →

直角三角形 A'BC に注目すると，$\sin A = \dfrac{a}{2R}$ つまり $\dfrac{a}{\sin A} = 2R$ が成り立ちます。

同様に，$\dfrac{b}{\sin B} = 2R$，$\dfrac{c}{\sin C} = 2R$ が成り立ちます。

> **公式** （正弦定理）
> △ABC の外接円の半径を $R$ とすると，
> $$\dfrac{a}{\sin A} = \dfrac{b}{\sin B} = \dfrac{c}{\sin C} = 2R$$

### 例題

△ABC において，$a = 2$，$A = 45°$，$B = 60°$ のとき，次の値を求めよ。

**1** $b$　　　**2** 外接円の半径 $R$

---

**1** 正弦定理より，

$$\dfrac{2}{\sin \boxed{^{ア}\quad}} = \dfrac{b}{\sin \boxed{^{イ}\quad}}$$

$$b = \boxed{^{ウ}\quad}$$

**2** 正弦定理より，

$$\dfrac{2}{\sin \boxed{^{エ}\quad}} = 2R$$

$$R = \boxed{^{オ}\quad}$$

**1** 次の図の $x$ と $y$ を求めよ。ただし，円の中心をOとする。

(1)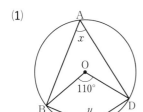

(2)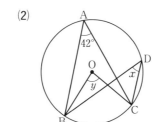

(3)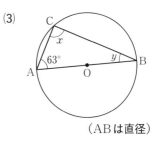

（ABは直径）

**2** △ABCにおいて，次の値を求めよ。ただし，$R$ は △ABC の外接円の半径とする。

(1) $b=2$, $A=30°$, $B=45°$ のとき，$a$

(2) $B=45°$, $R=3$ のとき，$b$

**CHALLENGE** 右の図のように四角形ABCDが円に内接している。

AD=4, BC=$x$, ∠ABD=45°, ∠BDC=30°

のとき，$x$ の値を求めよ。

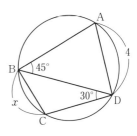

HINT △ABDと△BCDの外接円は共通しているから，△ABDと△BCDそれぞれで正弦定理を使おう。

**CHECK**
**50講で学んだこと**

□ 円周角は中心角の半分，同じ弧に対する円周角は等しい，直径に対する円周角は90°

□ $\dfrac{a}{\sin A}=\dfrac{b}{\sin B}=\dfrac{c}{\sin C}=2R$（正弦定理）

**51講** 三角形の1つの角と，3辺の長さの間に成り立つ関係を学ぼう！

# 余弦定理

▶ ここからはじめる　三角形の3辺の長さの間に成り立つ関係式が「余弦定理」です。「余弦」とは"cos"のことです。余弦定理を使うことで，正弦定理では求められない三角形の辺の長さや角度を求められることがあります。

## POINT 1 余弦定理

右の図のような鋭角三角形ABCにおいて，頂点Cから対辺ABに垂線CHを引きます。

$\mathrm{CH}=b\sin A$, $\mathrm{AH}=b\cos A$, $\mathrm{BH}=\mathrm{AB}-\mathrm{AH}$より，

$\mathrm{BH}=c-b\cos A$

直角三角形BCHにおいて，三平方の定理を使うと，

$\mathrm{BC}^2=\mathrm{CH}^2+\mathrm{BH}^2$

$a^2=(b\sin A)^2+(c-b\cos A)^2=b^2\sin^2 A+c^2-2bc\cos A+b^2\cos^2 A$

$=(\sin^2 A+\cos^2 A)b^2+c^2-2bc\cos A$ ←──── $\boxed{\sin^2 A+\cos^2 A=1}$

$=b^2+c^2-2bc\cos A$

同様に次の式が成り立ちます。

> **公式**
>
> （**余弦定理**）
>
> $a^2=b^2+c^2-2bc\cos A$
>
> $b^2=c^2+a^2-2ca\cos B$
>
> $c^2=a^2+b^2-2ab\cos C$

## POINT 2 3辺から角を求める

3辺の長さから角の大きさを求めるには，余弦定理の3つの式を変形した

$$\cos A=\frac{b^2+c^2-a^2}{2bc},\ \cos B=\frac{c^2+a^2-b^2}{2ca},\ \cos C=\frac{a^2+b^2-c^2}{2ab}$$

を用います。

---

**例題**

△ABCにおいて，次の値を求めよ。

**❶** $b=3$, $c=8$, $A=60°$のとき，$a$

**❷** $a=7$, $b=5$, $c=8$のとき，$A$

---

**❶** 余弦定理より，

$a^2=3^2+\boxed{\phantom{ア}}^2-2\cdot 3\cdot\boxed{\phantom{イ}}\cos\boxed{\phantom{ウ}}^{\circ}$

$=\boxed{\phantom{エ}}$

$a>0$より，$a=\boxed{\phantom{オ}}$

**❷** 余弦定理より，

$\cos A=\dfrac{5^2+\boxed{\phantom{カ}}^2-\boxed{\phantom{キ}}^2}{2\cdot 5\cdot\boxed{\phantom{ク}}}$

$=\boxed{\phantom{ケ}}$

よって，$A=\boxed{\phantom{コ}}^{\circ}$

**1** △ABC において $a=2$, $b=3$, $C=60°$ のとき, $c$ を求めよ。

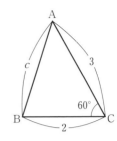

**2** △ABC において, $a=3$, $b=\sqrt{2}$, $c=\sqrt{5}$ のとき, $C$ を求めよ。

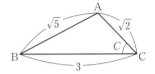

**CHALLENGE** $BC=\sqrt{7}$, $AC=1$, $A=60°$ のとき, 次の問いに答えよ。

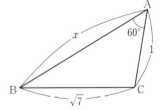

(1) $AB=x$ とおいて, $x$ についての方程式を求めよ。

(2) ABの長さを求めよ。

**HINT** (1) $a^2(BC^2)$ についての余弦定理を考えて, $x$ についての方程式を立ててみましょう。

✔ **CHECK**
**51講で学んだこと**

□ $a^2=b^2+c^2-2bc\cos A$, $b^2=c^2+a^2-2ca\cos B$, $c^2=a^2+b^2-2ab\cos C$

□ $\cos A=\dfrac{b^2+c^2-a^2}{2bc}$, $\cos B=\dfrac{c^2+a^2-b^2}{2ca}$, $\cos C=\dfrac{a^2+b^2-c^2}{2ab}$

## 52講　正弦定理と余弦定理で平面図形の長さや角度を求める！
# 平面図形の計量

▶ ここからはじめる　ここまで，三角比を使った面積公式や正弦定理，余弦定理を学習してきました。それらを合わせて，いろいろな平面図形の長さや角度，面積を求めてみましょう。そのために，正弦定理と余弦定理を使うタイミングを学習します。

### POINT 1　正弦定理を使う場面

（ⅰ）知りたいものとわかっているものが
「向かい合う辺と角の 2 組の関係」
$\implies \dfrac{a}{\sin A} = \dfrac{b}{\sin B}$ を利用する。

（ⅱ）**外接円の半径**が関係するとき
$\implies \dfrac{a}{\sin A} = 2R$ を利用する。

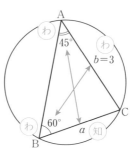

### POINT 2　余弦定理を使う場面

知りたいものとわかっているものが
「3 辺と 1 つの角の関係」
であり，

（ⅰ）辺の長さが知りたい
$\implies a^2 = b^2 + c^2 - 2bc\cos A$ を利用する。

（ⅱ）角の大きさが知りたい
$\implies \cos A = \dfrac{b^2 + c^2 - a^2}{2bc}$ を利用する。

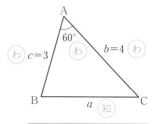

---

### 例題

$\triangle ABC$ において，$a = 4\sqrt{2}$，$b = 5$，$c = 7$ のとき，次の値を求めよ。

❶　$\cos A$

❷　$\sin A$

❸　$\triangle ABC$ の面積 $S$

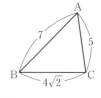

---

❶　余弦定理より，
$$\cos A = \frac{25 + \boxed{\phantom{ア}} - \boxed{\phantom{イ}}}{2\cdot 5\cdot \boxed{\phantom{ウ}}}$$
$$= \boxed{\phantom{エ}}$$

❷　$\sin^2 A + \cos^2 A = 1$ より，
$$\sin^2 A = \boxed{\phantom{オ}}$$
$\sin A > 0$ より，$\sin A = \boxed{\phantom{カ}}$

❸　$S = \dfrac{1}{2} \times 5 \times \boxed{\phantom{キ}} \times \boxed{\phantom{ク}}$
$$= \boxed{\phantom{ケ}}$$

例題 の解答　ア 49　イ 32　ウ 7　エ $\dfrac{3}{5}$　オ $\dfrac{16}{25}$　カ $\dfrac{4}{5}$　キ 7　ク $\dfrac{4}{5}$　ケ 14

演 習 の解答 ➡ 別冊 P.53

**1** △ABC において, $a=2\sqrt{6}$, $b=3$, $c=5$ のとき, 次の値を求めよ。

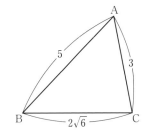

(1) $\cos A$

(2) $\sin A$

(3) △ABC の面積 $S$

**CHALLENGE** △ABC において, $\sin A : \sin B : \sin C = 7 : 5 : 8$ が成り立つとき, $\cos A$ の値を求めよ。

HINT 正弦定理より, $\sin A = \dfrac{a}{2R}$, $\sin B = \dfrac{b}{2R}$, $\sin C = \dfrac{c}{2R}$ であるから,

$\sin A : \sin B : \sin C = \dfrac{a}{2R} : \dfrac{b}{2R} : \dfrac{c}{2R} = a : b : c$

よって, $a : b : c = 7 : 5 : 8$ であり, $a = 7k$, $b = 5k$, $c = 8k\,(k>0)$ とおけるね。

✔ CHECK
**52講で学んだこと**

☐ 知りたい＋わからないが向かい合う辺と角の2組, 外接円が関係→正弦定理
☐ 知りたい＋わからないが3辺と1角の関係→余弦定理

# 53講 度数分布表やヒストグラムでデータの散らばりの様子を確認する！
# 度数分布表とヒストグラム

▶ ここからはじめる　読書時間のように，その集団の特性を表すものを「変量」といい，調査などで得られた変量の集まりを「データ」といいます。データの特徴や傾向が読み取りやすくなる方法を学習していきましょう！

## POINT 1 数値として得られるデータを量的データという

次の資料は，あるクラスの生徒 30 人の「1 週間の読書時間」を，1 週間の図書館の利用回数が 4 回以上の生徒（A 班）と 3 回以下の生徒（B 班）に分けて調べたものです。

```
ーA 班 20 人（時間）ー
20  13   8   5  18  15  22  12  10   8
13  16  16  17   5   3   4  15   9  12
```

```
ーB 班 10 人（時間）ー
20   3   5   1   0
 3   2   7  13  21
```

データの中でも，「読書時間」のように数値で得られるものを量的データ，「好きな飲み物」などのように数値として得られないものを質的データといいます。

## POINT 2 分布を見るための方法として，度数分布表とヒストグラムがある

データの散らばりの様子を**分布**といい，データの分布を見るための 1 つの方法として，**度数分布表**があります。右の表は，A 班の生徒のデータをもとにして，0 時間から 24 時間までを 4 時間ごとの区間に分けてまとめたものです。

このように，変量を分けた区間を**階級**，各区間の幅を**階級の幅**，階級の中央の値を**階級値**といいます。

また，各階級に含まれる資料の個数を**度数**といいます。各階級に度数を対応させて，表にしたものを**度数分布表**，右の図のように柱状のグラフにしたものを**ヒストグラム**といいます。グラフにすると分布が見やすくなりますね。

度数分布表

| 階級（時間） | | 度数 |
|---|---|---|
| 0 以上 ～ 4 未満 | | 1 |
| 4 ～ 8 | | 3 |
| 8 ～ 12 | | 4 |
| 12 ～ 16 | | 6 |
| 16 ～ 20 | | 4 |
| 20 ～ 24 | | 2 |
| 計 | | 20 |

例えば，
階級 4～8 の
階級値は 6

（ヒストグラム：縦軸 0〜7，横軸 0, 4, 8, 12, 16, 20, 24（時間））

## 例題

上の 1 週間の図書館の利用回数が 3 回以下の生徒の資料から度数分布表を作れ。ただし，階級の幅は 4 時間とすること。

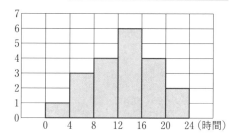

| 階級（時間） | | 度数 |
|---|---|---|
| 0 以上 ～ 4 未満 | | 5 |
| 4 ～ 8 | | ｱ |
| 8 ～ ｲ | | 0 |
| ｲ ～ 16 | | 1 |
| 16 ～ 20 | | ｳ |
| 20 ～ 24 | | 2 |
| 計 | | 10 |

**演習**

**1** 右の資料は, あるクラスの小テストの結果をまとめたものである。次の問いに答えよ。

| 階級(点) | 度数 |
|---|---|
| 0 以上　3 未満 | 1 |
| 3 ～ 6 | 4 |
| 6 ～ 9 | 6 |
| 9 ～ 12 | 10 |
| 12 ～ 15 | 9 |
| 計 | 30 |

(1) 階級の幅はいくつか。

(2) 度数の一番大きい階級の階級値はいくつか。

**2** B班の資料からヒストグラムを作れ。ただし, 階級の幅は 4 時間とすること。

┌ B班 10 人(時間) ┐
20　3　5　1　0
3　2　7　13　21
└─────────┘

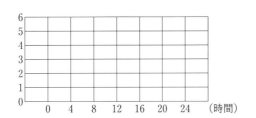

**CHALLENGE** 右の資料は, あるクラスの生徒の通学時間(分)をまとめたものである。次の問いに答えよ。

| 10 | 12 | 5 | 15 | 32 | 42 |
|---|---|---|---|---|---|
| 18 | 26 | 28 | 12 | 8 | 15 |
| 58 | 42 | 35 | 12 | 18 | 22 |
| 25 | 8 | 10 | 38 | 1 | 26 |
| 33 | 15 | 12 | 23 | 41 | 30 |

(1) 階級の幅を 10 分として, このデータの度数分布表とヒストグラムを作れ。

| 階級(分) | 度数 |
|---|---|
| 0 以上　10 未満 | |
| 10 ～ 20 | |
| 20 ～ 30 | |
| 30 ～ 40 | |
| 40 ～ 50 | |
| 50 ～ 60 | |
| 計 | 30 |

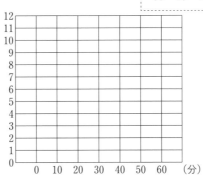

(2) 階級 20～30 には, 通学時間の短い方から数えて何番目から何番目までの生徒が含まれているか答えよ。

**HINT** (2) 階級 10～20 までの合計と階級 20～30 までの合計に着目しよう。

**✓ CHECK 53講で学んだこと**

□ 度数分布表やヒストグラムをみると, 集団の特性がわかりやすくなる。

# 54講 平均値は(すべての値の和)÷(値の個数)で求める!
# 平均値

▶ ここからはじめる　データ全体の特徴を1つの数値で表すことがあります。その数値のことを「代表値」といって、この値を用いるとデータどうしの比較がしやすくなります。今回は、その中の「平均値」について学びます。

## データすべての値の和を値の個数で割った値を平均値という

次の資料は、前講に出てきた「1週間の読書時間」のデータです。

┌── A班 20 人(時間) ──┐
20　13　8　5　18　15　22　12　10　8
13　16　16　17　5　3　4　15　9　12

┌── B班 10 人(時間) ──┐
20　3　5　1　0
3　2　7　13　21

A班とB班では人数(データの個数)が異なるので、合計時間を比較しても意味がありません。そこで、平らに均したときの1人あたりの読書時間(読書時間の平均)を求めてみましょう。

$$(平均値) = \frac{(データすべての値の和)}{(値の個数)}$$

より、A班の読書時間の平均とB班の読書時間の平均は次のようになります。

A班の読書時間の平均

$$\frac{20+13+8+5+18+15+22+12+10+8+13+16+16+17+5+3+4+15+9+12}{20} = 12.05(時間)$$

B班の読書時間の平均

$$\frac{20+3+5+1+0+3+2+7+13+21}{10} = 7.5(時間)$$

読書時間の平均であれば比べることができますね。今回の場合、A班の平均の方がB班の平均よりも大きいので、A班の方が読書時間が長いといえそうです。

また、度数分布表から平均値を求める場合は、1つ1つの値がわからない各階級に属するデータの値はすべて各階級の階級値と等しいことにして計算します。例えば、A班の生徒の読書時間の平均は、

$$\frac{2 \cdot 1 + 6 \cdot 3 + 10 \cdot 4 + 14 \cdot 6 + 18 \cdot 4 + 22 \cdot 2}{20}$$

$$= 13(時間)$$

(もとのデータの平均と度数分布表から求めた平均は異なることもあります。)

A班の度数分布表

| 階級(時間) | | 階級値 | 度数 |
|---|---|---|---|
| 0 以上 | 4 未満 | 2 | 1 |
| 4 ～ | 8 | 6 | 3 |
| 8 ～ | 12 | 10 | 4 |
| 12 ～ | 16 | 14 | 6 |
| 16 ～ | 20 | 18 | 4 |
| 20 ～ | 24 | 22 | 2 |
| 計 | | | 20 |

### 例題

データ「24　11　5　10　7」の平均値を求めよ。

$$\frac{24+11+5+10+7}{\boxed{ア}} = \boxed{イ}$$

**1** 次のデータの平均値を求めよ。

(1)  11  52  47  30  15  −35

(2)  7.5  11.2  −5.7  9.2  9.3  −4.2  3.1  9.6

**2** 右の表は, ある野球チームのレギュラーの1年間の安打の本数の度数分布表である。この度数分布表から平均値を求めよ。

| 階級(本) | 度数 |
|---|---|
| 100 以上 120 未満 | 1 |
| 120 ～ 140 | 2 |
| 140 ～ 160 | 2 |
| 160 ～ 180 | 3 |
| 計 | 8 |

**CHALLENGE**  次のデータの平均値が 50 であるとき, $a$ の値を求めよ。
43  48  52  62  35  55  60  $a$

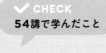

**✔ CHECK
54講で学んだこと**

□ 平均値は, $\dfrac{\text{すべての値の和}}{\text{値の個数}}$ で求めることができる。

□ 度数分布表から平均値を求める場合は, 各階級のデータの値はその階級値と等しいことにして計算する。

# 55講 データを順に並べたときの真ん中の値が中央値!
# 中央値

▶ここからはじめる データどうしを比較する方法として, 代表値の1つである平均値を用いる方法を学びました。ただし, データによっては平均値を用いて比較することに意味がないものもあります。今回は新たな代表値の「中央値」について学習します。

## POINT データの真ん中の値を中央値という

例えば, 1人1人の月収が次のような2つのグループがあるとします。

```
-- Aグループ(万円) ------        ------ Bグループ(万円) ------
  9   10   11   10   1000         98   104   98   103   98   99
```

このとき, Aグループの平均月収は, $\dfrac{9+10+11+10+1000}{5}=208$(万円)で, Bグループの平均月収は, $\dfrac{98+104+98+103+98+99}{6}=100$(万円)なので, Aグループに属する人の方が月収が高そうといわれると違和感がありませんか?　なぜなら, 1つ1つのデータを見ていくと, Aグループに属する5人のうち4人はBグループに属する6人よりも月収が低いですね。このように, 他と比べて極端に値の大きなものや小さなもの(**外れ値**といいます)があると平均値は意味をなさなくなります。このような場合は, データを値の小さい順に並べたときの真ん中の値(**中央値**または**メジアン**といいます)を代表値とすることが考えられます。

Aグループの月収を小さい順に並べると,

なので, Aグループの中央値は10万円です。Bグループの月収を小さい順に並べると,

なので, 真ん中の値はありません。このように, データの個数が偶数個のときは真ん中の値がないので, 真ん中に並んだ2つの値の平均値を中央値とします。したがって, Bグループの月収の中央値は, $\dfrac{98+99}{2}=98.5$(万円)となります。

---

## 例題

データ「5　19　7　13　11」について, 次の問いに答えよ。
❶ 中央値を求めよ。
❷ 新たに9というデータを増やして, データを6個にしたときの中央値を求めよ。

---

❶ データを値が小さい順に並べると,
　　5  7  11  13  19
中央値は [ ア　 ]

❷ データを値が小さい順に並べると,
　　5  7  9  11  13  19
中央値は $\dfrac{\boxed{\phantom{イ}}+\boxed{\phantom{ウ}}}{2}=\boxed{\phantom{エ}}$

演習

**1** 次のデータの中央値を求めよ。

(1) 7　9　18　5　8

(2) 6　12　8　9　11　−100

**2** すべての値が異なる 99 個のデータがある。次の問いに答えよ。

(1) 中央値は小さい方から何番目の値か。

(2) 中央値より大きい値は何個あるか。

CHALLENGE　$a$ は 1 桁の自然数とする。データ「4　7　8　8　11　$a$」の中央値が 8 になるとき，$a$ のとりうる値をすべて求めよ。

HINT　$a ≦ 7$ のときの中央値を求めてみよう。

✔ CHECK
**55講で学んだこと**

□ 他と比べて極端に値の大きなものや小さなものがあるデータの比較には平均値は適していない。
□ データの値を小さい順に並べたときの真ん中の値を中央値という。
　ただし，データが偶数個のときは真ん中に並ぶ 2 つの値の平均値をとる。

## 56講　最も度数が多いデータの値が最頻値！

# 最頻値

▶ ここからはじめる　好きな飲み物のような質的データのときには，平均値や中央値を用いることができませんね。そのようなときに用いるのが 3 つ目の代表値である「最頻値」です。また，量的データでも最頻値を用いると有効な場合があります。

## 最も度数が多いデータの値を最頻値という

例えば，靴屋さんで 1 日で売れたある靴のデータをとると，右の表のようになったとします。次に，この靴のどのサイズを多めに入荷するか考えてみましょう。

| 靴のサイズ (cm) | 度数 (足) |
|---|---|
| 25.0 | 8 |
| 25.5 | 3 |
| 26.0 | 4 |
| 26.5 | 1 |
| 27.0 | 4 |

まずは平均値を考えてみましょう。売れた靴のサイズの平均値は，

$$\frac{25.0 \times 8 + 25.5 \times 3 + 26.0 \times 4 + 26.5 \times 1 + 27.0 \times 4}{20}$$

$$= 25.75 \text{(cm)}$$

です。ただし，25.75 cm の靴を多めに入荷しようとしても，そんなサイズは存在していないので，入荷できません。

次に，中央値を考えてみましょう。中央値は 10 番目と 11 番目の平均値で，

$$\frac{25.5 + 25.5}{2} = 25.5 \text{(cm)}$$

です。サイズとしては存在していますが，データを見るとわかるように，25.5 cm は売れ行きの悪いサイズなので，これを多めに入荷するのは効果的ではありません。

今回は，一番多く売れている 25.0 cm を多めに入荷するべきですね。このように，最も度数が多いデータの値を考えるとよい場合があり，最も度数が多いデータの値のことを**最頻値**（**モード**）といいます。

また，上とは別の靴のデータをとると右の表のようになったとします。このとき，最も度数が多いデータの値は 25.0 cm と 25.5 cm の 2 つありますが，中央値のように平均をとることはせず，最頻値は 25.0 cm と 25.5 cm というように 2 つともを最頻値とします。

| 靴のサイズ (cm) | 度数 (足) |
|---|---|
| 25.0 | 6 |
| 25.5 | 6 |
| 26.0 | 4 |
| 26.5 | 2 |
| 27.0 | 2 |

### 例題

右のデータについて，次の問いに答えよ。　　　5　13　9　13　19

❶　最頻値を求めよ。

❷　新たに 19 というデータを増やして，データを 6 個にしたときの最頻値を求めよ。

────────────────────────────────

❶　[ ⁷　 ] は 2 個あって最も度数が多いので，最頻値は [ ⁷　 ]

❷　[ ⁷　 ] と [ ⁴　 ] は 2 個ずつあって最も度数が多いので，

最頻値は [ ⁷　 ] と [ ⁴　 ]

演 習

**1** 次のデータの最頻値を求めよ。

(1)  7  9  18  5  8  12  15  18  6

(2)  9  6  12  8  9  11  −100  13  −100

**2** 右のデータは，ある日に売れたペットボトル飲料の本数を容量別に分けたものである。このデータの最頻値を求めよ。

| 容量<br>(mL) | 度数<br>(本) |
| --- | --- |
| 280 | 80 |
| 500 | 420 |
| 1000 | 120 |
| 1500 | 50 |
| 2000 | 180 |

CHALLENGE  $a$ は1桁の自然数とする。次のデータについて，下の問いに答えよ。

5  9  8  8  10  $a$

(1)  このデータの最頻値が8のみとならないような $a$ の値を求めよ。

(2)  新たに1つどんな値のデータを増やしても，最頻値が8のみとなるような $a$ の値を求めよ。

✔ CHECK
**56講で学んだこと**

☐ 最も度数が多いデータの値を最頻値という。
☐ 最頻値は，質的データだけでなく，量的データを扱うときにも有効。

# 57講 四分位数と四分位範囲はデータを4等分して考える！
## 四分位数と四分位範囲

▶ ここからはじめる 下半分のデータの中央値や上半分のデータの中央値を調べることによって，さらに詳しくデータの分析ができます。この2つの値の差は極端に大きい値や極端に小さい値の影響を受けにくいというメリットもあります。

**POINT 1 データを小さい順に並べたときに4等分する値を四分位数という**

値を小さい順に並べたデータを中央値で下半分と上半分に分けることができます。「下半分のデータの中央値」を**第1四分位数**，「全体のデータの中央値」を**第2四分位数**，「上半分のデータの中央値」を**第3四分位数**といい，これらはデータを4等分し，合わせて**四分位数**といいます。四分位数は次のように求めます。

（ⅰ）データの個数が，4でわった余りが2のとき（例 値が小さい順に並べた10個のデータ）

（ⅱ）データの個数が，4でわった余りが1のとき（例 値が小さい順に並べた13個のデータ）

「データの個数が4の倍数のとき」，「データの個数が4で割った余りが3のとき」も同じように考えて求めることができます。

**POINT 2 （範囲）＝（最大値）－（最小値），**
**（四分位範囲）＝（第3四分位数）－（第1四分位数）**

最も大きいデータの値を**最大値**，最も小さいデータの値を**最小値**といい，最大値から最小値をひいた値をデータの**範囲**といいます。また，第3四分位数から第1四分位数をひいた値を**四分位範囲**，これを2でわった値を**四分位偏差**といい，これらの値が大きいほど中央値からデータが散らばっています。

---

例題

次のデータについて，四分位数，範囲，四分位範囲を求めよ。
　5　13　9　13　7　11　3

---

このデータを値の小さい順に並べると，次のようになる。
　| 3　5　7　9 | 11　13　13 |

よって，第1四分位数は [ア]　　，第2四分位数は [イ]　　，第3四分位数は [ウ]　　。

範囲は [エ]　　 － [オ]　　 ＝ [カ]　　 ，四分位範囲は [キ]　　 － [ク]　　 ＝ [ケ]　　

---

演 習

**1** 次のデータの四分位数を求めよ。

(1)　7　9　5　8　11　13

(2)　15　17　8　9　8　13　7　5　16　5　11　13　14

**2** 次のデータの範囲, 四分位範囲, 四分位偏差を求めよ。

9　10　7　8　4　5　13　12

CHALLENGE　　　第1四分位数, 第2四分位数, 第3四分位数をそれぞれ $Q_1$, $Q_2$, $Q_3$ と表す。
①～③は正しいか正しくないかを答えよ。

①　平均値は必ず $Q_1$ 以上, $Q_3$ 以下である。
②　中央値は必ず $Q_1$ 以上, $Q_3$ 以下である。
③　$Q_1 = Q_3$ となることがある。

✔ CHECK
**57講で学んだこと**

□ データを4等分する値を小さいほうから順に, 第1四分位数, 第2四分位数,
　 第3四分位数という。
□ 第3四分位数から第1四分位数を引いた値を四分位範囲といい, 中央値から
　 の散らばり具合を調べることができる。

# 58講　箱ひげ図を使って視覚的にデータを分析しよう！

## 箱ひげ図

▶ ここからはじめる　ここまで考えてきた四分位数や最大値，最小値（これらをあわせて「五数要約」という）を図に表したものを箱ひげ図といいます。図にすることによって，視覚的にデータを分析していきましょう！

### POINT
## 最小値，最大値，四分位数を 1 つの図に表したものを箱ひげ図という

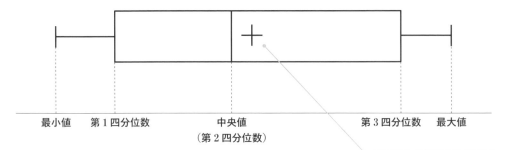

　上の図のように，最小値，第 1 四分位数，中央値（第 2 四分位数），第 3 四分位数，最大値の 5 つの値（**五数要約**）を 1 つの図に表したものを**箱ひげ図**といいます。

　一般的に，「第 1 四分位数から第 3 四分位数の部分」を**箱**といい，「最小値から第 1 四分位数の部分」と「第 3 四分位数から最大値の部分」を**ひげ**とよびます。

> 平均値を箱ひげ図に記入するときは「＋」を用いて表すよ（記入しないことが多い）！

　上の図のように，箱の部分にはデータの約 50％が含まれ，ひげの部分には左右それぞれデータの約 25％が含まれます。また，箱の真ん中の線（中央値）を境として左右にデータの約 25％ずつが含まれます。

> 箱の長さが長い
> →四分位範囲が大きい
> →中央値からのデータの散らばりが大きい
> ということだね！

例題

　データ「8　10　0　4　7　4　2」の箱ひげ図をかけ。ただし，平均値も書き入れること。

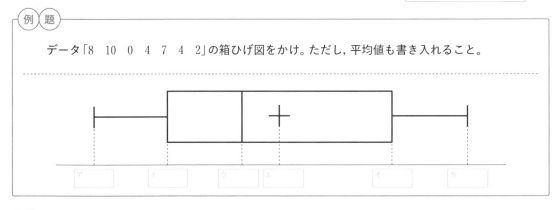

演 習

**1** 下のデータの箱ひげ図をかけ。

50　100　62　93　58　70　83　69　87

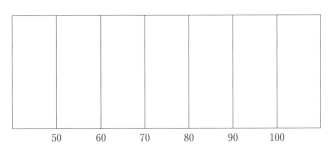

50　　60　　70　　80　　90　　100

**2** 右の2つの箱ひげ図A, Bを見て, 次の
問いに答えよ。

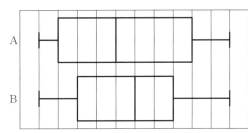

⑴　四分位範囲が大きいのはどちらか。

⑵　中央値からの散らばりが大きいと考えられるのはどちらか。

**CHALLENGE**　箱ひげ図から読み取れる情報として, ①〜④は正しいか正しくないかを答えよ。

① データの個数が101個で, データの値がすべて異なるとき, 箱には50個のデータが入る。
② データの個数が101個で, データの値がすべて異なるとき, 左のひげには25個のデータ
　が入る。
③ 箱の長さが長いほど, 中央値からの散らばりが大きいと考えられる。
④ 箱の長さが長いほど, 平均値からの散らばりが大きいと考えられる。

**✓ CHECK**
**58講で学んだこと**

□ 五数要約を1つの図に表したものを箱ひげ図という。
□ 箱の長さが長いほど, 中央値からの散らばりが大きいと考えられる。

## 59講 平均値からのデータの散らばりを分析できるようになろう！

# 分散・標準偏差

▶ここからはじめる　四分位範囲や箱ひげ図を用いると，中央値からのデータの散らばりについて考えることができました。ただ，実生活では平均値を考えることも多いですね。今回は，平均値からのデータの散らばりについて考えていきましょう！

### POINT 1 偏差の2乗の平均値を分散といい，平均値からの散らばり具合を表す

次の資料は，ある塾の生徒6人の数学と英語の小テストの点数です。

|  | A | B | C | D | E | F | 平均値 |
|---|---|---|---|---|---|---|---|
| 数学 | 6 | 6 | 5 | 5 | 8 | 6 | 6 |
| 英語 | 9 | 0 | 9 | 9 | 9 | 0 | 6 |

平均値は同じ6点ですが，数学は平均値に近い点数が多く，英語は平均値から遠い点数が多いですね。（データの各値）−（データの平均値）を**偏差**といい，平均値からの離れ具合を数値化したものです。全体を比べるには偏差の合計を比べれば良さそうですが，実は偏差の合計は0になってしまいます。

（数学の偏差の合計）$=(6-6)+(6-6)+(5-6)+(5-6)+(8-6)+(6-6)=0$

英語の偏差の合計も0になってしまいます。そこで，偏差の2乗(0以上)の合計を考えます。しかし，これではデータの個数が多いほど値が大きくなってしまいます。

そこで，偏差の2乗の平均値（**分散**という）を考えます。

$$（数学の分散）=\frac{(6-6)^2+(6-6)^2+(5-6)^2+(5-6)^2+(8-6)^2+(6-6)^2}{6}=1$$

$$（英語の分散）=\frac{(9-6)^2+(0-6)^2+(9-6)^2+(9-6)^2+(9-6)^2+(0-6)^2}{6}=18$$

分散の値が大きいほど，平均値からの散らばり具合が大きいということができるので，今回のデータでは，英語の方が平均値からの散らばりが大きいということです。

### POINT 2 分散の正の平方根を標準偏差という

上で求めた分散は計算過程で2乗して，単位が「点²」となってしまっているので，単位を「点」にするために，分散の正の平方根を考え，この値を**標準偏差**といいます。

$$（数学の標準偏差）=\sqrt{1}=1,（英語の標準偏差）=\sqrt{18}=3\sqrt{2}$$　　　だいたい 4.2 点

#### 例題

データ「5　1　4　7　3」の分散と標準偏差を求めよ。

- - - - - - - - - - - - - - - - - - - - - - - - - - - - - - - - - - - - - - - - - - - -

このデータの平均値は　□ア　なので，このデータの分散と標準偏差はそれぞれ，

$$（分散）=\frac{1^2+(-3)^2+0^2+□イ^2+\left(-□ウ\right)^2}{□エ}=□オ　,（標準偏差）=\sqrt{□オ}=□カ$$

例題の解答　ア 4　イ 3　ウ 1　エ 5　オ 4　カ 2

**1** 次のデータの分散, 標準偏差を求めよ。

(1)  2  5  8  6  3  9

(2)  −3  6  8  6  −2  5  −9  5  1  3

**2** 次の2つのデータは, ある2つのアイドルグループX, Yの演技をみた6人の審査員A〜F が10点満点で点数をつけたものである。

|   | A | B | C | D | E | F |
|---|---|---|---|---|---|---|
| X | 7 | 4 | 5 | 8 | 3 | 9 |
| Y | 6 | 7 | 4 | 2 | 5 | 6 |

(1)  次の表は上のデータの偏差をまとめたものである。空欄をうめよ。

|       | A | B | C | D | E | F |
|-------|---|---|---|---|---|---|
| Xの偏差 |   |   |   |   |   |   |
| Yの偏差 |   |   |   |   |   |   |

(2)  平均値からの散らばりが大きいと考えられるのはどちらか答えよ。

✔ CHECK
**59講**で学んだこと

☐ 偏差の2乗の平均値を分散といい, 分散の正の平方根を標準偏差という。
☐ 分散や標準偏差の値が大きいほど, 平均値からの散らばりが大きいと考えら れる。

# 60講　2つのデータの関係を考えよう!!
# 散布図・データの相関

▶ ここからはじめる　物理で良い点をとる人は数学も良い点をとる人が多いというイメージはありませんか?　このように,一方の値が変化すると他方の値も変化するような2つのデータをみていきましょう!

## POINT 1　2つの変量の値の組からなるデータを図示したものを散布図という

次の資料は,ある塾の生徒15人が受験した物理と数学の10点満点の小テストの点数をそれぞれ$x$点,$y$点としてまとめたものです。

| $x$ | 7 | 8 | 5 | 10 | 9 | 7 | 4 | 6 | 4 | 10 | 9 | 5 | 6 | 8 | 10 |
|---|---|---|---|---|---|---|---|---|---|---|---|---|---|---|---|
| $y$ | 9 | 6 | 4 | 10 | 6 | 6 | 4 | 5 | 3 | 8 | 10 | 5 | 7 | 8 | 7 |

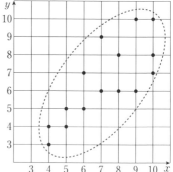

これらを座標のように考えて,右の図のように$xy$平面上に図示したものを**散布図**といいます。点が右上がりに分布しているため,物理の点数が高い生徒は数学の点数も高い傾向がありそうですね。

## POINT 2　一方が増加すると他方も増加するとき,正の相関があるという

上で出てきた「物理の点数が高い生徒は数学の点数も高い傾向がありそう」というのは,「物理の点数が高くなるほど,数学の点数も高くなる傾向がありそう」ともいえますね。つまり,$x$が増加すると,$y$も増加するということです。これを$x$と$y$には**正の相関がある**といいます。また,散布図の点が右下がりに分布して,$x$が増加すると,$y$は減少するという関係にあるときは$x$と$y$には**負の相関がある**といい,どちらの傾向も認められないときは,$x$と$y$には**相関がない**といいます。

---

### 例題

右の表は,10人の生徒が家でゲームをする時間と勉強をする時間をそれぞれ$x$時間,$y$時間としてまとめたものである。$x$と$y$の散布図は右の①,②のどちらか。また,$x$と$y$には正,負どちらの相関があると考えられるか。

| $x$ | 0.0 | 0.5 | 3.0 | 2.0 | 1.5 | 2.5 | 0.0 | 4.0 | 1.0 | 0.5 |
|---|---|---|---|---|---|---|---|---|---|---|
| $y$ | 3.5 | 4.0 | 2.5 | 3.0 | 4.0 | 2.0 | 4.0 | 0.0 | 4.5 | 4.5 |

散布図①

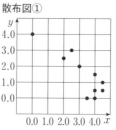

散布図②

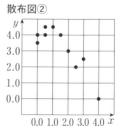

---

正しい散布図は [ ア ] で,点が右下がりに分布しているので [ イ ] の相関があると考えられる。

> 正しくないほうの散布図は,$x$と$y$が逆になっているね!

演習

**1** 次のような2つの変量がある。$x$を横軸，$y$を縦軸として散布図をかけ。また，$x$と$y$には，どのような相関関係があると考えられるか。「正の相関がある」「負の相関がある」「相関はない」から選べ。

(1)

| $x$ | 5 | 3 | 2 | 7 | 5 | 1 | 4 | 2 | 3 |
|---|---|---|---|---|---|---|---|---|---|
| $y$ | 5 | 2 | 3 | 5 | 7 | 1 | 4 | 2 | 4 |

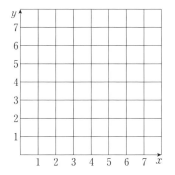

(2)

| $x$ | 3 | 5 | 1 | 5 | 3 | 6 | 8 | 2 |
|---|---|---|---|---|---|---|---|---|
| $y$ | 2 | 2 | 6 | 1 | 3 | 4 | 7 | 6 |

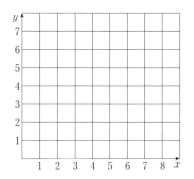

**CHALLENGE** 3つの変量$x$，$y$，$z$のうち，2つの変量$y$，$z$については

$$y+z=10$$

という関係が成り立つ。図1は$x$を横軸，$y$を縦軸とした散布図である。

このとき，$x$を横軸，$z$を縦軸とした散布図はどのようになるか。最も適切なものを次のア〜エから1つ選べ。

［図1］

ア
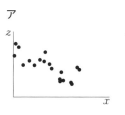

イ
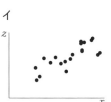

ウ
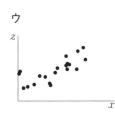

エ
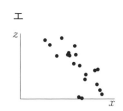

✔ CHECK
**60講で学んだこと**

□ 2つの変量を座標のように考えて，$xy$平面に図示したものを散布図という。

□ 点が右上がりに分布しているとき，正の相関があるといい，点が右下がりに分布しているとき，負の相関があるという。

# 61講 2つのデータの相関を数値化しよう！
# 相関係数

▶ ここからはじめる　前講の散布図では，2つの変量の相関を「みた目」で判断しました。「みた目」での判断はわかりやすい一方，厳密性に欠けていて，人によって判断が異なる場合があります。今回は「数値」で判断をしていきましょう！

## POINT 1 偏差の積の平均値を共分散という

例えば，$x$と$y$に正の相関があるとき，右の図のように$\overline{x}$と$\overline{y}$を基準にみてみると，右上と左下に点が集まっているのがわかります。

右上→$x>\overline{x}$, $y>\overline{y}$より，$(x-\overline{x})(y-\overline{y})>0$

左下→$x<\overline{x}$, $y<\overline{y}$より，$(x-\overline{x})(y-\overline{y})>0$

よって，右上と左下の点は偏差の積$(x-\overline{x})(y-\overline{y})$が正であり，多くの点の偏差の積が正なので，平均値は正になります。この偏差の積の平均値を**共分散**といいます。

正の相関があれば右上と左下に多くの点が集まっているので共分散は正の値になり，負の相関があれば右下と左上に多くの点が集まるので，共分散は負の値になります。

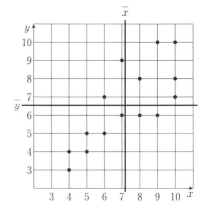

## POINT 2 相関係数は2つの変量の相関の正負や強弱を表す

共分散は，同じデータを扱っていても単位によって値が大きく変わってしまいます。そこで，$x$と$y$の共分散$s_{xy}$を$x$, $y$それぞれの標準偏差$s_x$, $s_y$でわった値$\dfrac{s_{xy}}{s_x s_y}$を考えると，単位の影響を受けずにすみます。$\dfrac{s_{xy}}{s_x s_y}$を**相関係数**といい，$r$で表します。相関係数は$-1\leqq r\leqq 1$となることが知られていて，$r$が1に近いほど強い正の相関があり，$-1$に近いほど強い負の相関があります。

> **公式**　（**相関係数**）
>
> $$r=\frac{s_{xy}}{s_x s_y}\left(=\frac{(x と y の共分散)}{(x の標準偏差)\times(y の標準偏差)}\right)$$

$r=-0.8$　　$r=-0.4$　　$r=0$　　$r=0.4$　　$r=0.8$

←――――――――――――――――――――――――→
負の相関が強い　　　　　　　　　　　　正の相関が強い

$r$の値によって，散布図は上の図のようになります。$r=-0.8$，$-0.4$, 0, 0.4, 0.8のときの散布図がどんな感じになるかは覚えておくとよいでしょう。

**1** 右の表は，2つの変量 $x$, $y$ についての8個のデータである。$x$ と $y$ の共分散 $s_{xy}$，相関係数 $r$ をそれぞれ求めよ。

ただし，$x$ の標準偏差は $s_x = 2$，$y$ の標準偏差は $s_y = 2.5$ となることは用いてよい。

| $x$ | 1 | 3 | 6 | 4 | 3 | 6 | 2 | 7 |
|---|---|---|---|---|---|---|---|---|
| $y$ | 6 | 7 | 6 | 4 | 8 | 3 | 9 | 1 |

$\overline{x} = 4$, $\overline{y} = 5.5$ より，$x - \overline{x}$, $y - \overline{y}$, $(x - \overline{x})(y - \overline{y})$ を表にすると次のようになる。

| $x - \overline{x}$ | $-3$ | $-1$ | 2 | 0 | $-1$ | 2 | $-2$ | 3 |
|---|---|---|---|---|---|---|---|---|
| $y - \overline{y}$ | 0.5 | 1.5 | 0.5 | $-1.5$ | 2.5 | $-2.5$ | 3.5 | $-4.5$ |
| $(x - \overline{x})(y - \overline{y})$ | $-1.5$ | $-1.5$ | 1.0 | 0.0 | $-2.5$ | $-5.0$ | $-7.0$ | $-13.5$ |

よって，

$$s_{xy} = \frac{(-1.5) + (-1.5) + 1 + 0 + (-2.5) + (-5) + (-7) + (-13.5)}{8} = \boxed{\phantom{xx}}$$

$s_x = 2$, $s_y = 2.5$ より，

$$r = \frac{s_{xy}}{s_x s_y} = \frac{\boxed{\phantom{x}}}{2 \cdot 2.5} = \boxed{\phantom{xx}}$$

**2** 右の①～③の散布図は，2つの変量 $x$ と $y$ のデータについての散布図である。$x$ と $y$ の相関係数が 0.91, 0.17, $-0.84$ のいずれかのとき，①～③の相関係数を求めよ。

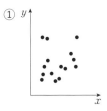
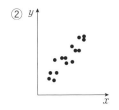
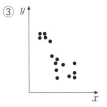

**3** 次のような2つの変量がある。共分散，相関係数を求めよ。

| $x$ | 6 | 5 | 2 | 3 | 7 | 3 | 7 | 1 | 3 | 3 |
|---|---|---|---|---|---|---|---|---|---|---|
| $y$ | 7 | 2 | 0 | 9 | 1 | 2 | 0 | 1 | 6 | 2 |

✔ CHECK
**61講で学んだこと**

☐ 2つの変量の偏差の積の平均値を共分散という。

☐ 共分散を2つの変量の標準偏差でわったものを相関係数といい，1に近いほど強い正の相関があり，$-1$ に近いほど強い負の相関がある。

**著者 小倉悠司**

小倉　悠司（おぐら　ゆうじ）
河合塾講師, N予備校・N高等学校・S高等学校数学担当
学生時代から授業を研究し,「どのように」だけではなく「なぜ」にも
こだわった授業を展開。自力で問題を解く力がつくと絶大な支持を
受ける。
また, 数学を根本から理解でき「おもしろい！」と思ってもらえるよ
う工夫し, 授業・教材作成を行っている。著書に「小倉悠司のゼロから
始める数学Ｉ・Ａ」(KADOKAWA),「試験時間と得点を稼ぐ最速計算
数学Ｉ・Ａ/数学Ⅱ・Ｂ」(旺文社)などがある。

# 小倉のここからはじめる数学Iドリル

## PRODUCTION STAFF

| | |
|---|---|
| ブックデザイン | 植草可純　前田歩来（APRON） |
| 著者イラスト | 芦野公平 |
| 本文イラスト | 須澤彩夏 |
| 企画編集 | 髙橋龍之助（Gakken） |
| 編集担当 | 小椋恵梨　荒木七海（Gakken） |
| 編集協力 | 株式会社 オルタナプロ |
| 執筆協力 | 近藤帝嘉先生　田井智暁先生　中邨雪代先生　渡辺幸太郎先生 |
| 校正 | 森一郎　竹田直　藤次徹也 |
| 販売担当 | 永峰威世紀（Gakken） |
| データ作成 | 株式会社 四国写研 |
| 印刷 | 株式会社 リーブルテック |

KOKOKARA DRILL SERIES
大学入試
HAJIMERU

小倉のここからはじめる数学Ⅰドリル

別 冊

# 解答
# 解説

Answer and Explanation
A Workbook for Students to Get into College
Mathematics I by Yuji Ogura

**Gakken**

小倉のここからはじめる数学Ⅰドリル

別 冊 **解答解説**

答え合わせのあと
必ず解説も読んで
理解を深めよう

**1** 次の計算をせよ。

(1) $6+7=13$ 答

(2) $54+78=132$ 答

(3) $32+49=81$ 答

**2** 次の計算をせよ。

(1) $300-172=128$ 答

(2) $1000-625=375$ 答

(3) $7000-3527=3473$ 答

**3** 次の計算をせよ。

(1) $22×9=198$ 答

(2) $58×4=232$ 答

(3) $87×3=261$ 答

**CHALLENGE** 次の計算をせよ。

(1) $93+54+68=147+68$
$\qquad =215$ 答

(2) $30000-545=29999-545+1$
$\qquad =29455$ 答

(3) $320×7=(32×7)×10$
$\qquad =2240$ 答

---

**アドバイス**

他にも工夫の一例として次のようなものがあります。

たし算において片方がきりのよい数に近い場合, 片方をきりのよい数に変えて, その分他方も調整し, 計算をする。

$$\begin{array}{l} \quad 998+467 \\ +2\downarrow \quad \downarrow-2 \\ =1000+465 \\ =1465 \end{array}$$

$\begin{array}{l} 1000+465 \\ =(998+2)+(467-2) \\ =998+467 \end{array}$ 「+2」と「−2」 が打ち消し合う

▶ 参考

ひき算についても同様です。

$$\begin{array}{l} \quad 3478-999 \\ +1\downarrow \quad \downarrow+1 \\ =3479-1000 \\ =2479 \end{array}$$

$\begin{array}{l} 3479-1000 \\ =(3478+1)-(999+1) \\ =3478-999 \end{array}$ ひき算なので 「+1」が 打ち消し合う

**1** 次の計算をせよ。

(1) $\dfrac{2}{3} + \dfrac{5}{3}$

$= \dfrac{2+5}{3}$

$= \dfrac{7}{3}$ 答

(2) $\dfrac{7}{5} - \dfrac{2}{3}$

$= \dfrac{21}{15} - \dfrac{10}{15}$

$= \dfrac{11}{15}$ 答

(3) $\dfrac{1}{6} + \dfrac{3}{8}$

$= \dfrac{4}{24} + \dfrac{9}{24}$

$= \dfrac{13}{24}$ 答

**2** 次の計算をせよ。

(1) $\dfrac{2}{3} \times \dfrac{3}{5}$

$= \dfrac{2 \times 3}{3 \times 5}$

$= \dfrac{2}{5}$ 答

(2) $\dfrac{3}{10} \div \dfrac{2}{5}$

$= \dfrac{3}{10} \times \dfrac{5}{2}$

$= \dfrac{3}{4}$ 答

(3) $\dfrac{3}{8} \div 6$

$= \dfrac{3}{8} \times \dfrac{1}{6}$

$= \dfrac{1}{16}$ 答

**CHALLENGE** 次の計算をせよ。

(1) $\dfrac{2}{3} - \dfrac{1}{5} + \dfrac{3}{2}$ 　 3と5と2の
最小公倍数
30で通分する
例 $\dfrac{3}{2} = \dfrac{3 \times 15}{2 \times 15} = \dfrac{45}{30}$

$= \dfrac{20}{30} - \dfrac{6}{30} + \dfrac{45}{30}$

$= \dfrac{20 - 6 + 45}{30}$

$= \dfrac{59}{30}$ 答

(2) $\dfrac{3}{5} \div \dfrac{3}{2} \times \dfrac{7}{4}$ 　 $\div \dfrac{3}{2}$ は $\times \dfrac{2}{3}$

$= \dfrac{3}{5} \times \dfrac{2}{3} \times \dfrac{7}{4}$

$= \dfrac{7}{10}$ 答

$$\dfrac{\overset{1}{\cancel{3}}}{5} \times \dfrac{\overset{1}{\cancel{2}}}{\cancel{3}} \times \dfrac{7}{\cancel{4}_{2}}$$

(3) $\dfrac{6}{5} \div \dfrac{2}{3} - \dfrac{2}{7}$ 　 $\dfrac{6}{5} \times \dfrac{3}{2}$ を先に計算する

$= \dfrac{6}{5} \times \dfrac{3}{2} - \dfrac{2}{7}$

$= \dfrac{9}{5} - \dfrac{2}{7}$

$= \dfrac{63}{35} - \dfrac{10}{35}$ 　 5と7の最小公倍数35で通分する
例 $\dfrac{9}{5} = \dfrac{9 \times 7}{5 \times 7} = \dfrac{63}{35}$

$= \dfrac{53}{35}$ 答

**アドバイス**

$\dfrac{9}{5} - \dfrac{2}{7}$ のように，分母の5と7が互いに素（正の公約数は1のみ）の場合は，

$$\underset{5 \times 7 \leftarrow 分母どうしの積}{\dfrac{9}{5} \overset{9 \times 7 \quad 5 \times 2 \leftarrow クロスにかけてひいたもの}{\diagdown\diagup} \dfrac{2}{7}} = \dfrac{63 - 10}{35} = \dfrac{53}{35}$$

のように計算できます。

1 次の計算をせよ。

(1) $(-3)+(-7)$
 $=-(3+7)$
 $=-10$ 答

(2) $(+5)+(+8)$
 $=+(5+8)$
 $=+13$ 答

(3) $(-13)+(-7)$
 $=-(13+7)$
 $=-20$ 答

2 次の計算をせよ。

(1) $(+13)+(-3)$
 $=+(13-3)$
 $=+10$ 答

(2) $(-7)+(+16)$
 $=+(16-7)$
 $=+9$ 答

(3) $(+11)+(-35)$
 $=-(35-11)$
 $=-24$ 答

3 次の計算をせよ。

(1) $(+12)-(-5)$
 $=(+12)+(+5)$
 $=+(12+5)$
 $=+17$ 答

(2) $(+7)-(+15)$
 $=(+7)+(-15)$
 $=-(15-7)$
 $=-8$ 答

(3) $(-15)-(-21)$
 $=(-15)+(+21)$
 $=+(21-15)$
 $=+6$ 答

**CHALLENGE** 次の計算をせよ。

(1) $(+5)+(-4)+(-9)$
 $=(+5)+\{-(4+9)\}$
 $=(+5)+(-13)$
 $=-(13-5)$
 $=-8$ 答

(2) $(-7)-(-10)-(-7)$
 $=(-7)+(+10)+(+7)$
 $=+10$ 答

▶参考

加法だけの式に直したとき，加法の記号でつながれた1つ1つの数を「項」といいます。最初の項の符号の「＋」とたす意味での「＋」は省略して表すことができます。

$(+5)+(-4)+(-9)=5-4-9$
$=5-13$
$=-8$

省略できる。

（$-4-9$を計算！
（＋が省略されているので，
$(-4)+(-9)$を計算すればよい。）

実際には上記のように書いて計算するとよいでしょう！

**アドバイス** 🧑

符号を意識してもらうために「＋13」のように符号の「＋」を書いていますが，▶参考にも書いたように，符号としての「＋」は省略することが多いです。「－」は省略できません。

**1** 次の計算をせよ。

(1) $(-7) \times (-8)$
$= +(7 \times 8)$
$= 56$ 答

(2) $(+5) \times \left(-\dfrac{3}{7}\right)$
$= -\left(5 \times \dfrac{3}{7}\right)$
$= -\dfrac{15}{7}$ 答

(3) $(-3) \times (+12)$
$= -(3 \times 12)$
$= -36$ 答

**2** 次の計算をせよ。

(1) $(-35) \div (-7)$
$= +(35 \div 7)$
$= 5$ 答

(2) $(-6) \div 7$
$= (-6) \times \dfrac{1}{7}$
$= -\left(6 \times \dfrac{1}{7}\right)$
$= -\dfrac{6}{7}$ 答

(3) $\left(-\dfrac{5}{16}\right) \div \left(-\dfrac{35}{24}\right)$
$= \left(-\dfrac{5}{16}\right) \times \left(-\dfrac{24}{35}\right)$
$= +\left(\dfrac{5}{16} \times \dfrac{24}{35}\right)$
$= \dfrac{3}{14}$ 答

**3** 次の計算をせよ。

(1) $(-25) \div \dfrac{5}{2} \times (-4)$
$= (-25) \times \dfrac{2}{5} \times (-4)$
$= +\left(25 \times \dfrac{2}{5} \times 4\right)$
$= 40$ 答

(2) $5 \div (-2) \times 6 \div (-3)$
$= 5 \times \left(-\dfrac{1}{2}\right) \times 6 \times \left(-\dfrac{1}{3}\right)$
$= +\left(5 \times \dfrac{1}{2} \times 6 \times \dfrac{1}{3}\right)$
$= 5$ 答

**CHALLENGE** 次の計算をせよ。

(1) $5 \times (-4) + (-20) \div 4$
$= -20 - 5$
$= -25$ 答

(2) $(-27) \div (-3) \times \{7 + (-6) \div 3\}$
$= (-27) \div (-3) \times (7 - 2)$
$= (-27) \div (-3) \times 5$
$= +\left(27 \times \dfrac{1}{3} \times 5\right)$
$= 45$ 答

アドバイス

　解答では，途中式をていねいに書いていますが，暗算でできる人は途中式を省略しても構いません。しかし，暗算することによってミスをしては元も子もないので，ミスをしない範囲で途中式を省略するようにしましょう。

**1** 次の式を文字式の決まりにしたがって表せ。

(1) $y \times x \times z \times \dfrac{3}{2}$

$= \dfrac{3}{2}xyz$ 答

(2) $(a+b) \times (a+b) \times (-2)$

$= -2(a+b)^2$ 答

(3) $(x-y) \div 5$

$= \dfrac{x-y}{5}$ 答

**2** 次の式を×，÷の記号を用いた式で表せ。

(1) $-3a^5$

$= -3 \times a \times a \times a \times a \times a$ 答

(2) $\dfrac{x-y}{x+y}$

$= (x-y) \div (x+y)$ 答

(3) $\dfrac{3a^2-b}{(a+b)^2}$

$= (3 \times a \times a - b) \div (a+b) \div (a+b)$

答

**3** 次の数量を表す式を書け。

(1) $x$ 円の 2 割の金額

$x \times \dfrac{2}{10} = \dfrac{1}{5}x$（円）答

(2) 百の位が $a$，十の位が $b$，一の位が $c$ の整数

$100 \times a + 10 \times b + c = 100a + 10b + c$ 答

CHALLENGE  $a = -3,\ b = -\dfrac{1}{2},\ c = \dfrac{1}{6}$ のとき，次の式の値を求めよ。

(1) $b^2 - 4ac$

$= \left(-\dfrac{1}{2}\right)^2 - 4 \times (-3) \times \dfrac{1}{6}$

$= \dfrac{1}{4} + 2$

$= \dfrac{1}{4} + \dfrac{8}{4}$

$= \dfrac{9}{4}$ 答

(2) $\dfrac{ac}{b}$

$= a \times c \div b$

$= (-3) \times \dfrac{1}{6} \div \left(-\dfrac{1}{2}\right)$

$= (-3) \times \dfrac{1}{6} \times (-2)$

$= 1$ 答

---

**アドバイス**

　文字式のメリットは，「すべての場合で示すことができる」ことです。例えば，「偶数と偶数をたしたら偶数になる」ことは次のように示すことができます。

　$a$, $b$ を整数とすると，2 つの偶数を「$2a$, $2b$」と表すことができる。このとき，

$$2a + 2b = 2(a+b)$$

$a+b$ は整数だから，
$2(a+b)$ は偶数。

よって，偶数と偶数をたしたら偶数となる。

**1** 次の式の項, 係数, 次数を求めよ。

(1) $a^2+3$

(2) $\dfrac{4}{3}x-5xy+2y^3-7$

(1) 答 項：$a^2$, 3

$a^2$ の係数：1

次数：2

(2) 答 項：$\dfrac{4}{3}x$, $-5xy$, $2y^3$, $-7$

$x$ の係数：$\dfrac{4}{3}$　　$xy$ の係数：$-5$　　$y^3$ の係数：2

次数：3

**2** 次の式を簡単にせよ。

(1) $5x-7-3x+1+4x$

$=(5-3+4)x-7+1$

$=6x-6$ 答

(2) $-(-3a+2)+(7a-12)$

$=3a-2+7a-12$

$=(3+7)a-2-12$

$=10a-14$ 答

CHALLENGE　次の式を簡単にせよ。

(1) $3(a-3)-4(3a-2)$

$=3a-9-12a+8$

$=-9a-1$ 答

(2) $6\left(\dfrac{1}{3}x+\dfrac{1}{2}\right)+8\left(\dfrac{3}{8}x-\dfrac{5}{4}\right)$

$=6\times\dfrac{1}{3}x+6\times\dfrac{1}{2}+8\times\dfrac{3}{8}x-8\times\dfrac{5}{4}$

$=2x+3+3x-10$

$=5x-7$ 答

(3) $15\left(\dfrac{a}{3}-\dfrac{3a-2}{5}\right)$

$=15\times\dfrac{a}{3}-15\times\dfrac{3a-2}{5}$

$=5a-3(3a-2)$

$=5a-9a+6$

$=-4a+6$ 答

(4) $\dfrac{x+2}{3}-\dfrac{3x-1}{4}$

$=\dfrac{4(x+2)-3(3x-1)}{12}$

$=\dfrac{4x+8-9x+3}{12}$

$=\dfrac{-5x+11}{12}$ 答

アドバイス

$\dfrac{x+2}{3}-\dfrac{3x-1}{4}$ を通分する際,

$\dfrac{x+2}{3}=\dfrac{(x+2)}{3}=\dfrac{(x+2)\times4}{3\times4}=\dfrac{4(x+2)}{12}$, $\dfrac{3x-1}{4}=\dfrac{(3x-1)}{4}=\dfrac{(3x-1)\times3}{4\times3}=\dfrac{3(3x-1)}{12}$

のように, 分子は(　)が省略されていることに注意しよう。

**1** 次の式を簡単にせよ。

(1) $4x^2+7x-3-(5x^2-6)$
$=4x^2+7x-3-5x^2+6$
$=(4-5)x^2+7x+(-3+6)$
$=-x^2+7x+3$ 答

(2) $-(-2a^2b+5ab)+(2a^2b+11ab)$
$=2a^2b-5ab+2a^2b+11ab$
$=(2+2)a^2b+(-5+11)ab$
$=4a^2b+6ab$ 答

**2** 次の式を簡単にせよ。

(1) $2(3a^2-5ab+b^2)+3(a^2+7ab-5b^2)$
$=6a^2-10ab+2b^2+3a^2+21ab-15b^2$
$=(6+3)a^2+(-10+21)ab+(2-15)b^2$
$=9a^2+11ab-13b^2$ 答

(2) $-3(-2x^2+3xy-4y^2)-5(-2x^2+3xy+y^2)$
$=6x^2-9xy+12y^2+10x^2-15xy-5y^2$
$=(6+10)x^2+(-9-15)xy+(12-5)y^2$
$=16x^2-24xy+7y^2$ 答

**CHALLENGE** $A=2x^2-3xy+7z,\ B=3x^2-4xy+8z,\ C=-x^2-3xy+2z$
であるとき、$3(A-B+2C)-(3A+B-4C)$ を計算せよ。

$3(A-B+2C)-(3A+B-4C)$
$=3A-3B+6C-3A-B+4C$
$=-4B+10C$
$=-4(3x^2-4xy+8z)+10(-x^2-3xy+2z)$
$=-12x^2+16xy-32z-10x^2-30xy+20z$
$=(-12-10)x^2+(16-30)xy+(-32+20)z$
$=-22x^2-14xy-12z$ 答

> ここまで計算してから
> $B=3x^2-4xy+8z$
> $C=-x^2-3xy+2z$
> を代入しよう. 代入するときは
> ( )をつけるのを忘れずに！

**アドバイス**

例えば **1** (1) $4x^2+7x-3-(5x^2-6)$ は、
$x^2$ の項, $x$ の項, 定数項
があるので、各項の係数に着目すると暗算がしやすいです。
$x^2$ の係数：$4-5=-1$ ← $4x^2$ と $-5x^2$
$x$ の係数：$7$
定数項：$-3+6=3$ ← $-3$ と $-(-6)=6$
よって、
$4x^2+7x-3-(5x^2-6)=-x^2+7x+3$

**1** 乗法公式 **2**〜**4** を展開して証明せよ。

(1) **答** $(x+a)^2=(x+a)(x+a)$
$=x^2+ax+ax+a^2$
$=x^2+2ax+a^2$

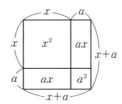

(2) **答** $(x-a)^2=(x-a)(x-a)$
$=x^2-ax-ax+a^2$
$=x^2-2ax+a^2$

(3) **答** $(x+a)(x-a)=x^2-ax+ax-a^2$
$=x^2-a^2$

**2** 次の式を展開せよ。

(1) $(x-4)(x-5)$
$=x^2-9x+20$ **答**

(2) $(x+5)^2$
$=x^2+10x+25$ **答**

(3) $(x-7)^2$
$=x^2-14x+49$ **答**

(4) $(x+6)(x-6)$
$=x^2-36$ **答**

**CHALLENGE** 次の式を展開せよ。

(1) $(x+2y)(x-3y)$
$=x^2+\{2y+(-3y)\}x+2y\times(-3y)$
$=x^2-xy-6y^2$ **答**

(2) $(2x+3)^2$
$=(2x)^2+2\times3\times2x+3^2$
$=4x^2+12x+9$ **答**

(3) $(5x-2y)^2$
$=(5x)^2-2\times2y\times5x+(2y)^2$
$=25x^2-20xy+4y^2$ **答**

(4) $(-3a+2b)(-3a-2b)$
$=(-3a)^2-(2b)^2$
$=9a^2-4b^2$ **答**

▶ 参考
(4) $(-3a+2b)(-3a-2b)$ において，$-3a=X$ とおくと，
$(-3a+2b)(-3a-2b)=(X+2b)(X-2b)$
$=X^2-(2b)^2$
$=(-3a)^2-(2b)^2$ ← $X$ を $-3a$ に戻す
$=9a^2-4b^2$
$-3a$ をおきかえると，$(x+a)(x-a)$ の形に気がつきやすくなりますね。

## 09講 単項式の乗法・指数法則

演習の問題 → 本冊 P.35

**1** 次の式を計算せよ。

(1) $a^2 \times a^7$
$= a^{2+7}$
$= a^9$ 答

(2) $(a^5)^3$
$= a^{5 \times 3}$
$= a^{15}$ 答

(3) $(ab)^4$
$= a^4 b^4$ 答

**2** 次の式を計算せよ。

(1) $(x^2)^3 \times (2x)^2$
$= x^{2 \times 3} \times 2^2 \cdot x^2$
$= x^6 \times 4x^2$
$= 4x^{6+2}$
$= 4x^8$ 答

(2) $(-5a^2b)^3 \times (2ab^2)^2$
$= (-5)^3 \cdot a^{2 \times 3} \cdot b^3 \times 2^2 \cdot a^2 \cdot b^{2 \times 2}$
$= (-125) \cdot a^6 \cdot b^3 \times 4 \cdot a^2 \cdot b^4$
$= \{(-125) \cdot 4\} \cdot a^{6+2} \cdot b^{3+4}$
$= -500a^8 b^7$ 答

**CHALLENGE**

(1) $a^7 \div a^3$ を計算せよ。
$$a^7 \div a^3 = \frac{a^7}{a^3} = \frac{a \times a \times a \times a \times a \times a \times a}{a \times a \times a} = a^{7-3} = a^4$$ 答

(2) $m, n$ を正の整数$(m > n)$とするとき，$a^m \div a^n$ を計算せよ。
$$a^m \div a^n = a^{m-n}$$ 答

(3) $(-3a^3)^2 \times (2a)^3 \div a^5$ を計算せよ。
$$\begin{aligned}(-3a^3)^2 \times (2a)^3 \div a^5 &= (-3)^2 \cdot (a^3)^2 \times 2^3 \cdot a^3 \div a^5 \\ &= 9 \cdot a^6 \times 8 \cdot a^3 \div a^5 \\ &= (9 \cdot 8) \cdot a^{6+3-5} \\ &= 72a^4 \end{aligned}$$ 答

---

**アドバイス**

途中式をていねいに書いていますが，慣れてきたら数は数どうし，文字は文字どうしに着目して計算を行ってもよいです。

**2** (1) $(x^2)^3 \times (2x)^2 = 4x^8$

数：$2^2 = 4$

$x$：$(x^2)^3 \times x^2 = x^6 \times x^2 = x^{6+2} = x^8$

**CHALLENGE** (3) $(-3a^3)^2 \times (2a)^3 \div a^5 = 72a^4$

数：$(-3)^2 \times 2^3 = 9 \times 8 = 72$

$a$：$(a^3)^2 \times a^3 \div a^5 = a^6 \times a^3 \div a^5 = a^{6+3-5} = a^4$

**1** 次の式を展開せよ。

(1) $(2x-3)(4x-1)$
$=2\cdot4x^2+\{2\cdot(-1)+(-3)\cdot4\}x+(-3)\cdot(-1)$
$=8x^2-14x+3$ 答

(2) $(5x-2)(7x+3)$
$=5\cdot7x^2+\{5\cdot3+(-2)\cdot7\}x+(-2)\cdot3$
$=35x^2+x-6$ 答

**2** 次の式を展開せよ。

(1) $(-a+3b+2c)^2$
$=(-a)^2+(3b)^2+(2c)^2+2\cdot(-a)\cdot3b+2\cdot3b\cdot2c+2\cdot2c\cdot(-a)$
$=a^2+9b^2+4c^2-6ab+12bc-4ca$ 答

(2) $(2x+3y-5)^2$
$=(2x)^2+(3y)^2+(-5)^2+2\cdot2x\cdot3y+2\cdot3y\cdot(-5)+2\cdot(-5)\cdot2x$
$=4x^2+9y^2+25+12xy-30y-20x$ 答

**CHALLENGE** 次の式を展開せよ。

(1) $(3x-5y)(2x+3y)$
$=3\cdot2x^2+\{3\cdot3y+(-5y)\cdot2\}x+(-5y)\cdot3y$
$=6x^2-xy-15y^2$ 答

(2) $(a-b+c)^2+(a+b-c)^2$
$=(a^2+b^2+c^2-2ab-2bc+2ca)+(a^2+b^2+c^2+2ab-2bc-2ca)$
$=2a^2+2b^2+2c^2-4bc$ 答

**アドバイス**

今回の計算も，展開したときに出てくる項の係数に着目して行ってもよいです。

**1** (1) $(2x-3)(4x-1)$

$x^2$ の項：8 ← 2xと4xをかける。

$x$ の項：$-2-12=-14$ ← 2xと-1, -3と4xをかけてたしたもの。

定数項：3 ← -3と-1をかける。

よって，

$(2x-3)(4x-1)=8x^2-14x+3$

演習の問題 → 本冊P.39

**1** 次の式を因数分解せよ。

(1) $12ab^2-18a^2b$
$=6ab(2b-3a)$ 答

(2) $6x^2y-10xy^2-4xy$
$=2xy(3x-5y-2)$ 答

**2** 次の式を因数分解せよ。

(1) $x^2-5x-6$
$=(x-6)(x+1)$ 答

(2) $x^2+12x+36$
$=x^2+2\times6\times x+6^2$
$=(x+6)^2$ 答

(3) $9x^2-24xy+16y^2$
$=(3x)^2-2\times3x\times4y+(4y)^2$
$=(3x-4y)^2$ 答

(4) $9a^2-4b^2$
$=(3a)^2-(2b)^2$
$=(3a+2b)(3a-2b)$ 答

**CHALLENGE** 次の式を因数分解せよ。

(1) $3x^3+6x^2-9x$
$=3x(x^2+2x-3)$
$=3x(x+3)(x-1)$ 答 ←

たして 2,
かけて $-3$
になる 2 数は
3 と $-1$

(2) $8x^2-18$
$=2(4x^2-9)$
$=2\{(2x)^2-3^2\}$
$=2(2x+3)(2x-3)$ 答

**アドバイス**

例えば, $x^2+2x-3=(x+3)(x-1)$ は,
次のように因数分解することもできます。

$x^2+2x-3=(x+1)^2-1-3$
$=(x+1)^2-4$
$=(x+1)^2-2^2$
$=\{(x+1)+2\}\{(x+1)-2\}$
$=(x+3)(x-1)$

$x^2+2x=(x+1)^2-1^2$
半分
34 講の平方完成でくわしくやるよ！

$a^2-b^2=(a+b)(a-b)$
において, $a=x+1$, $b=2$ とした

たして□, かけて○となる 2 数がみつけにくいときに有効です。

**1** 次の式を因数分解せよ。

(1) $3x^2+11x+10$
  $=(x+2)(3x+5)$ 答

$$\begin{array}{ccc} 1 & \diagdown\!\!\!\diagup & 2 \longrightarrow & 6 \\ 3 & & 5 \longrightarrow & 5 \\ \hline & & 11 \end{array}$$

(2) $6x^2+x-2$
  $=(2x-1)(3x+2)$ 答

$$\begin{array}{ccc} 2 & \diagdown\!\!\!\diagup & -1 \longrightarrow & -3 \\ 3 & & 2 \longrightarrow & 4 \\ \hline & & 1 \end{array}$$

(3) $12x^2-17x-5$
  $=(3x-5)(4x+1)$ 答

$$\begin{array}{ccc} 3 & \diagdown\!\!\!\diagup & -5 \longrightarrow & -20 \\ 4 & & 1 \longrightarrow & 3 \\ \hline & & -17 \end{array}$$

(4) $4x^2-23x+15$
  $=(4x-3)(x-5)$ 答

$$\begin{array}{ccc} 4 & \diagdown\!\!\!\diagup & -3 \longrightarrow & -3 \\ 1 & & -5 \longrightarrow & -20 \\ \hline & & -23 \end{array}$$

**CHALLENGE** 次の式を因数分解せよ。

(1) $12x^2-8xy-15y^2$
  $=(2x-3y)(6x+5y)$ 答

$$\begin{array}{ccc} 2 & \diagdown\!\!\!\diagup & -3y \longrightarrow & -18y \\ 6 & & 5y \longrightarrow & 10y \\ \hline & & -8y \end{array}$$

(2) $6x^2+28x-10$
  $=2(3x^2+14x-5)$
  $=2(3x-1)(x+5)$ 答

$$\begin{array}{ccc} 3 & \diagdown\!\!\!\diagup & -1 \longrightarrow & -1 \\ 1 & & 5 \longrightarrow & 15 \\ \hline & & 14 \end{array}$$

---

**アドバイス**

**CHALLENGE** (2) $3x^2+14x-5$ の因数分解は次のように考えることもできます。
  $$3x^2+14x-5=(ax+b)(cx+d)$$
となる $a$, $b$, $c$, $d$ を求めます。$x^2$ の係数と定数項に着目すると,
  $x^2$ の係数:$3=ac$
  定数項:$-5=bd$
$a$ と $c$ はかけて $3$ になる数だから,$3$ と $1$ で
  $$3x^2+14x-5=(3x+b)(x+d)$$
$b$ と $d$ はかけて $-5$ になる数だから,次のいずれかになります。

$$\overset{\overset{x}{\frown}}{(3x \quad 1)(x \quad 5)}\underset{15x}{}\qquad \overset{\overset{5x}{\frown}}{(3x \quad 5)(x \quad 1)}\underset{3x}{}$$

$x$ の係数が $14$ になるように,$+$,$-$ を決めればよく,
  $$3x^2+14x-5=(3x-1)(x+5)$$

**1** 次の数の平方根を求めよ。

(1) 81
$9^2=81, (-9)^2=81$
より, 81 の平方根は
9 と $-9$ 答

(2) 0.25
$(0.5)^2=0.25, (-0.5)^2=0.25$
より, 0.25 の平方根は
0.5 と $-0.5$ 答

(3) $\dfrac{81}{25}$
$\left(\dfrac{9}{5}\right)^2=\dfrac{81}{25}, \left(-\dfrac{9}{5}\right)^2=\dfrac{81}{25}$
より, $\dfrac{81}{25}$ の平方根は
$\dfrac{9}{5}$ と $-\dfrac{9}{5}$ 答

(4) 7
$(\sqrt{7})^2=7, (-\sqrt{7})^2=7$
より, 7 の平方根は
$\sqrt{7}$ と $-\sqrt{7}$ 答

(5) $\dfrac{3}{5}$
$\left(\sqrt{\dfrac{3}{5}}\right)^2=\dfrac{3}{5}, \left(-\sqrt{\dfrac{3}{5}}\right)^2=\dfrac{3}{5}$
より, $\dfrac{3}{5}$ の平方根は
$\sqrt{\dfrac{3}{5}}$ と $-\sqrt{\dfrac{3}{5}}$ 答

**2** 次の数を根号を使わずに表せ。

(1) $(\sqrt{5})^2$
$=5$ 答

(2) $(-\sqrt{5})^2$
$=5$ 答

(3) $\sqrt{5^2}$
$=5$ 答

(4) $\sqrt{(-5)^2}$
$=\sqrt{5^2}$
$=5$ 答

(5) $-\sqrt{5^2}$
$=-5$ 答

**CHALLENGE** 次の問いに答えよ。

(1) $\sqrt{11}$ と $\sqrt{13}$ の大小を求めよ。

$\sqrt{11}$ は 2 乗すると 11 になる正の数であり, $\sqrt{13}$ は 2 乗すると 13 になる正の数である。
2 乗すると 13 になる正の数の方が, 2 乗すると 11 になる正の数よりも大きいので,
$\sqrt{11}<\sqrt{13}$ 答

(2) 8 と $\sqrt{63}$ の大小を求めよ。

$8=\sqrt{8^2}=\sqrt{64}$ より,
$\sqrt{63}<8$ 答

(3) $3<\sqrt{x}<4$ をみたす自然数 $x$ の個数を求めよ。

$3=\sqrt{3^2}=\sqrt{9}, 4=\sqrt{4^2}=\sqrt{16}$ より, $3<\sqrt{x}<4$ は
$\sqrt{9}<\sqrt{x}<\sqrt{16}$
と変形できる。
$x$ は自然数より,
$x=10, 11, 12, 13, 14, 15$
の 6 個 答

**1** 次の計算をせよ。

(1) $\sqrt{6} \times \sqrt{11}$
 $= \sqrt{6 \times 11}$
 $= \sqrt{66}$ 答

(2) $\sqrt{5} \times (-\sqrt{2}) \times (-\sqrt{3})$
 $= \sqrt{5 \times 2 \times 3}$
 $= \sqrt{30}$ 答

(3) $(-\sqrt{39}) \div \sqrt{3}$
 $= -\dfrac{\sqrt{39}}{\sqrt{3}} = -\sqrt{\dfrac{39}{3}}$
 $= -\sqrt{13}$ 答

(4) $\sqrt{24} \div \sqrt{\dfrac{4}{5}}$
 $= \sqrt{24 \div \dfrac{4}{5}} = \sqrt{24 \times \dfrac{5}{4}}$
 $= \sqrt{30}$ 答

**2** 次の数を変形して，$\sqrt{\phantom{a}}$ の中をできるだけ小さい自然数にせよ。

(1) $\sqrt{125}$
 $= \sqrt{5^3}$
 $= \sqrt{5^2 \times 5}$
 $= \sqrt{5^2} \times \sqrt{5}$
 $= 5\sqrt{5}$ 答

(2) $\sqrt{96}$
 $= \sqrt{2^5 \times 3}$
 $= \sqrt{2^2 \times 2^2 \times 2 \times 3}$
 $= 2 \times 2 \times \sqrt{6}$
 $= 4\sqrt{6}$ 答

(3) $\sqrt{180}$
 $= \sqrt{2^2 \times 3^2 \times 5}$
 $= 2 \times 3 \times \sqrt{5}$
 $= 6\sqrt{5}$ 答

**CHALLENGE** 次の計算をせよ。

(1) $\sqrt{12} \times \sqrt{18}$
 $= 2\sqrt{3} \times 3\sqrt{2}$
 $= (2 \times 3) \times \sqrt{3 \times 2}$
 $= 6\sqrt{6}$ 答

(2) $\sqrt{45} \div \sqrt{60}$
 $= \dfrac{\sqrt{45}}{\sqrt{60}}$
 $= \sqrt{\dfrac{45}{60}}$
 $= \sqrt{\dfrac{3}{4}}$
 $= \dfrac{\sqrt{3}}{\sqrt{2^2}}$
 $= \dfrac{\sqrt{3}}{2}$ 答

(3) $\sqrt{42} \div (-\sqrt{3}) \div \sqrt{7}$
 $= -\sqrt{\dfrac{42}{3 \times 7}}$
 $= -\sqrt{2}$ 答

▶ 参考
$$(\sqrt{a} \times \sqrt{b})^2 = (\sqrt{a})^2 \times (\sqrt{b})^2 = a \times b$$
より，$\sqrt{a} \times \sqrt{b}$ は 2 乗すると $a \times b$ になる正の数
$$\sqrt{a \times b} \quad \boxed{(\sqrt{a \times b})^2 = a \times b}$$
と等しいので，
$$\sqrt{a} \times \sqrt{b} = \sqrt{a \times b}$$

**1** 次の式の分母を有理化せよ。

(1) $\dfrac{1}{\sqrt{7}}$

$=\dfrac{1\times\sqrt{7}}{\sqrt{7}\times\sqrt{7}}$

$=\dfrac{\sqrt{7}}{7}$ 答

(2) $\dfrac{\sqrt{3}}{2\sqrt{5}}$

$=\dfrac{\sqrt{3}\times\sqrt{5}}{2\sqrt{5}\times\sqrt{5}}$

$=\dfrac{\sqrt{15}}{10}$ 答

(3) $\dfrac{12\sqrt{7}}{\sqrt{3}}$

$=\dfrac{12\sqrt{7}\times\sqrt{3}}{\sqrt{3}\times\sqrt{3}}$

$=\dfrac{12\sqrt{21}}{3}$

$=4\sqrt{21}$ 答

**2** 次の式の分母を有理化せよ。

(1) $\dfrac{1}{\sqrt{5}-\sqrt{7}}$

$=\dfrac{1\times(\sqrt{5}+\sqrt{7})}{(\sqrt{5}-\sqrt{7})\times(\sqrt{5}+\sqrt{7})}$

$=\dfrac{\sqrt{5}+\sqrt{7}}{(\sqrt{5})^2-(\sqrt{7})^2}$

$=\dfrac{\sqrt{5}+\sqrt{7}}{5-7}$

$=-\dfrac{\sqrt{5}+\sqrt{7}}{2}$ 答

(2) $\dfrac{3}{\sqrt{7}+2}$

$=\dfrac{3\times(\sqrt{7}-2)}{(\sqrt{7}+2)\times(\sqrt{7}-2)}$

$=\dfrac{3(\sqrt{7}-2)}{(\sqrt{7})^2-2^2}$

$=\dfrac{3(\sqrt{7}-2)}{7-4}$

$=\sqrt{7}-2$ 答

CHALLENGE　次の式の分母を有理化せよ。

(1) $\dfrac{5}{\sqrt{75}}$

$=\dfrac{5}{5\sqrt{3}}$

$=\dfrac{1\times\sqrt{3}}{\sqrt{3}\times\sqrt{3}}$

$=\dfrac{\sqrt{3}}{3}$ 答

(2) $\dfrac{6}{3+\sqrt{27}}$

$=\dfrac{6}{3+3\sqrt{3}}=\dfrac{6}{3(1+\sqrt{3})}=\dfrac{2}{\sqrt{3}+1}$

$=\dfrac{2\times(\sqrt{3}-1)}{(\sqrt{3}+1)\times(\sqrt{3}-1)}$

$=\dfrac{2(\sqrt{3}-1)}{(\sqrt{3})^2-1^2}$

$=\dfrac{2(\sqrt{3}-1)}{2}$

$=\sqrt{3}-1$ 答

(3) $\dfrac{\sqrt{3}}{\sqrt{12}-\sqrt{8}}$

$=\dfrac{\sqrt{3}}{2\sqrt{3}-2\sqrt{2}}$

$=\dfrac{\sqrt{3}}{2(\sqrt{3}-\sqrt{2})}$

$=\dfrac{\sqrt{3}\times(\sqrt{3}+\sqrt{2})}{2(\sqrt{3}-\sqrt{2})\times(\sqrt{3}+\sqrt{2})}$

$=\dfrac{(\sqrt{3})^2+\sqrt{3}\times\sqrt{2}}{2\{(\sqrt{3})^2-(\sqrt{2})^2\}}$

$=\dfrac{3+\sqrt{6}}{2}$ 答

**1** 次の計算をせよ。

(1) $\sqrt{75}-4\sqrt{3}+\sqrt{12}$
$=\sqrt{5^2\cdot3}-4\sqrt{3}+\sqrt{2^2\cdot3}$
$=5\sqrt{3}-4\sqrt{3}+2\sqrt{3}$
$=(5-4+2)\sqrt{3}$
$=3\sqrt{3}$ 答

(2) $\dfrac{8}{\sqrt{2}}-\sqrt{32}$
$=\dfrac{8\times\sqrt{2}}{\sqrt{2}\times\sqrt{2}}-\sqrt{4^2\cdot2}$
$=\dfrac{8\sqrt{2}}{2}-4\sqrt{2}$
$=4\sqrt{2}-4\sqrt{2}$
$=0$ 答

**2** 次の計算をせよ。

(1) $3\sqrt{3}(\sqrt{18}-\sqrt{12})$
$=3\sqrt{3}(3\sqrt{2}-2\sqrt{3})$
$=3\sqrt{3}\times3\sqrt{2}-3\sqrt{3}\times2\sqrt{3}$
$=9\sqrt{6}-18$ 答

(2) $\dfrac{8}{\sqrt{6}}-\dfrac{5\sqrt{3}}{2}\times\dfrac{\sqrt{8}}{3}$
$=\dfrac{8\times\sqrt{6}}{\sqrt{6}\times\sqrt{6}}-\dfrac{5\sqrt{3}\times2\sqrt{2}}{6}$
$=\dfrac{8\sqrt{6}}{6}-\dfrac{10\sqrt{6}}{6}$
$=\dfrac{4\sqrt{6}}{3}-\dfrac{5\sqrt{6}}{3}$
$=-\dfrac{\sqrt{6}}{3}$ 答

(3) $(2+\sqrt{6})(\sqrt{2}+\sqrt{3})-3\sqrt{2}$
$=2\sqrt{2}+2\sqrt{3}+\sqrt{6}\times\sqrt{2}+\sqrt{6}\times\sqrt{3}-3\sqrt{2}$
$=2\sqrt{2}+2\sqrt{3}+2\sqrt{3}+3\sqrt{2}-3\sqrt{2}$
$=2\sqrt{2}+4\sqrt{3}$ 答

(4) $(\sqrt{5}+3\sqrt{2})(\sqrt{5}-3\sqrt{2})$
$=(\sqrt{5})^2-(3\sqrt{2})^2$
$=5-18$
$=-13$ 答

CHALLENGE $x+y=\sqrt{5}$, $xy=-2\sqrt{6}$ のとき, $x^2-2xy+y^2$ の値を求めよ。

$\begin{aligned}x^2-2xy+y^2&=(x+y)^2-2xy-2xy\\&=(x+y)^2-4xy\\&=(\sqrt{5})^2-4\times(-2\sqrt{6})\\&=5+8\sqrt{6}\end{aligned}$ 答

---

**アドバイス**

$\sqrt{2}+\sqrt{3}=\sqrt{2+3}$ のようには計算できないので注意しましょう！
$(\sqrt{2}+\sqrt{3})^2=(\sqrt{2})^2+2\times\sqrt{2}\times\sqrt{3}+(\sqrt{3})^2=2+2\sqrt{2\times3}+3=5+2\sqrt{6}$
$(\sqrt{2+3})^2=2+3=5$
であり, $(\sqrt{2}+\sqrt{3})^2\neq(\sqrt{2+3})^2$ だから
$\sqrt{2}+\sqrt{3}\neq\sqrt{2+3}$
ですね。

**1** 次の方程式を解け。

(1) $x-5=-8$
$x=-8+5$
$x=-3$ 答

(2) $8x=5x-24$
$8x-5x=-24$
$3x=-24$
$x=-8$ 答

(3) $5x+35=-2x$
$5x+2x=-35$
$7x=-35$
$x=-5$ 答

(4) $3x+15=-2x+25$
$3x+2x=25-15$
$5x=10$
$x=2$ 答

CHALLENGE 次の方程式を解け。

(1) $3(x-2)-2(-x+6)=11$
$3x-6+2x-12=11$
$5x=11+6+12$
$5x=29$
$x=\dfrac{29}{5}$ 答

(2) $0.2x-0.24=0.17x$
$(0.2x-0.24)\times100=0.17x\times100$
$20x-24=17x$
$20x-17x=24$
$3x=24$
$x=8$ 答

(3) $\dfrac{x-2}{3}=\dfrac{3}{2}x-3$
$\left(\dfrac{x-2}{3}\right)\times6=\left(\dfrac{3}{2}x-3\right)\times6$
$2(x-2)=\dfrac{3}{2}x\times6-3\times6$
$2x-4=9x-18$
$2x-9x=-18+4$
$-7x=-14$
$x=2$ 答

(4) $400x-500=-200x+300$
$(400x-500)\div100=(-200x+300)\div100$
$4x-5=-2x+3$
$4x+2x=3+5$
$6x=8$
$3x=4$
$x=\dfrac{4}{3}$ 答

# 18講 連立方程式

演習の問題 ➡ 本冊 P.53

**1** 次の連立方程式を解け。

(1) $\begin{cases} 4x+3y=10 & \cdots① \\ 3x-5y=-7 & \cdots② \end{cases}$

①×3－②×4 より，

$\begin{array}{r} 12x+\ 9y=30 \\ -)\underline{12x-20y=-28} \\ 29y=58 \\ y=2 \end{array}$

①に代入して，

$4x+3\times2=10$

$4x=4$

$x=1$

よって，この連立方程式の解は，

$(x,\ y)=(1,\ 2)$ **答**

(2) $\begin{cases} 3x+y=2 & \cdots③ \\ x+3y=14 & \cdots④ \end{cases}$

③より，

$y=2-3x \quad \cdots③'$

④に代入して，

$x+3(2-3x)=14$

$x+6-9x=14$

$-8x=8$

$x=-1$

③'に代入して，

$y=2-3\times(-1)$

$=5$

よって，この連立方程式の解は，

$(x,\ y)=(-1,\ 5)$ **答**

**CHALLENGE** 次の連立方程式を解け。

(1) $\begin{cases} 4(x-2)+5(y-1)=x & \cdots⑤ \\ 2(x-2y)+5y=-3 & \cdots⑥ \end{cases}$

⑤より，

$3x+5y=13 \quad \cdots⑤'$

⑥より，

$2x+y=-3 \quad \cdots⑥'$

⑤'×2－⑥'×3 より，

$\begin{array}{r} 6x+10y=26 \\ -)\underline{6x+\ 3y=-9} \\ 7y=35 \\ y=5 \end{array}$

⑥'に代入して，

$2x+5=-3$

$x=-4$

よって，この連立方程式の解は，

$(x,\ y)=(-4,\ 5)$ **答**

(2) $\begin{cases} \dfrac{2}{3}x-\dfrac{1}{4}y=\dfrac{7}{12} & \cdots⑦ \\ \dfrac{5}{6}x-\dfrac{1}{2}y=\dfrac{5}{3} & \cdots⑧ \end{cases}$

⑦×12 より，

$8x-3y=7 \quad \cdots⑦'$

⑧×6 より，

$5x-3y=10 \quad \cdots⑧'$

⑦'－⑧' より，

$\begin{array}{r} 8x-3y=7 \\ -)\underline{5x-3y=10} \\ 3x\ \ \ \ \ =-3 \\ x\ \ \ \ \ =-1 \end{array}$

⑦'に代入して，

$8\times(-1)-3y=7$

$-3y=15$

$y=-5$

よって，この連立方程式の解は，

$(x,\ y)=(-1,\ -5)$ **答**

1 次の不等式を解け。

(1) $x+3 \leqq -4$

$\quad x \leqq -4-3$

$\quad x \leqq -7$ 答

(2) $x-9 \geqq 2x$

$\quad x-2x \geqq 9$

$\quad -x \geqq 9$

$\quad x \leqq -9$ 答

(3) $-x+5 < 3x+1$

$\quad -x-3x < 1-5$

$\quad -4x < -4$

$\quad x > 1$ 答

(4) $3x+5 > -x+3$

$\quad 3x+x > 3-5$

$\quad 4x > -2$

$\quad x > -\dfrac{1}{2}$ 答

CHALLENGE　次の不等式を解け。

(1) $3x+2(7-5x) < 2x-13$

$\quad 3x+14-10x < 2x-13$

$\quad -7x-2x < -13-14$

$\quad -9x < -27$

$\quad x > 3$ 答

(2) $\dfrac{7x-3}{3} - \dfrac{4x+1}{4} \leqq -x - \dfrac{2}{3}$

$\quad \left(\dfrac{7x-3}{3} - \dfrac{4x+1}{4}\right) \times 12 \leqq \left(-x - \dfrac{2}{3}\right) \times 12$

$\quad 4(7x-3) - 3(4x+1) \leqq -12x-8$

$\quad 28x-12-12x-3 \leqq -12x-8$

$\quad 16x+12x \leqq -8+15$

$\quad 28x \leqq 7$

$\quad 4x \leqq 1$

$\quad x \leqq \dfrac{1}{4}$ 答

---

アドバイス

　例えば、「6<8」は成り立っていますね！　両辺に $-3$ をかけると左辺が $-18$ で, 右辺が $-24$ であり, 負の数は絶対値が大きくなるとその数自身は小さくなるので,

$\quad -18 > -24$

　このように, 負の数をかけると, 不等号の向きがひっくり返ります！

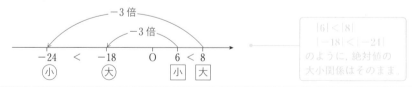

**1** 次の連立不等式を解け。

(1) $\begin{cases} 3(x-4) \leqq x-3 & \cdots① \\ 6x-2(x+3) < 6 & \cdots② \end{cases}$

①より，

$$3x-12 \leqq x-3$$
$$2x \leqq 9$$
$$x \leqq \frac{9}{2} \quad \cdots①'$$

②より，

$$6x-2x-6 < 6$$
$$4x < 12$$
$$x < 3 \quad \cdots②'$$

①'，②'より，

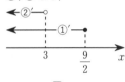

$x < 3$ 答

(2) $3x-5 < 2x-1 < 4x-7 \quad \cdots(*)$

(*)より，

$$\begin{cases} 3x-5 < 2x-1 & \cdots③ \\ 2x-1 < 4x-7 & \cdots④ \end{cases}$$

③より，

$$x < 4 \quad \cdots③'$$

④より，

$$-2x < -6$$
$$x > 3 \quad \cdots④'$$

③'，④'より，

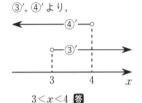

$3 < x < 4$ 答

---

CHALLENGE　あるジュース1本の値段は150円，重さは400gである。このジュースを，重さが100gで200円の箱に何個か入れて，全体の重さは3000g以上，代金は2000円以下にしたい。このとき，買うことができるジュースの本数を求めよ。ただし，消費税は考えないものとする。

このジュースを $x$ 本買うとする。

重さについて，

$$400x+100 \geqq 3000$$
$$400x \geqq 2900$$
$$x \geqq \frac{29}{4} = 7.25 \quad \cdots①$$

代金について，

$$150x+200 \leqq 2000$$
$$150x \leqq 1800$$
$$x \leqq 12 \quad \cdots②$$

①，②より，

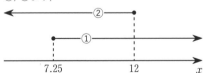

$7.25 \leqq x \leqq 12$

これをみたす整数 $x$ は $x = 8, 9, 10, 11, 12$ であるから，買うことができるジュースの本数は，

8本，9本，10本，11本，12本 答

演習の問題 → 本冊P.59

**1** 次の2次方程式を解け。

(1) $9x^2-5=0$

$9x^2=5$

$x^2=\dfrac{5}{9}$

$x=\pm\dfrac{\sqrt{5}}{3}$ 答

(2) $2(x-3)^2=6$

$(x-3)^2=3$

$x-3=\pm\sqrt{3}$

$x=3\pm\sqrt{3}$ 答

(3) $x^2+6x-16=0$

$(x+8)(x-2)=0$

$x=-8,\ 2$ 答

(4) $x^2+3x=0$

$x(x+3)=0$

$x=0,\ -3$ 答

(5) $x^2-6x+9=0$

$(x-3)^2=0$

$x=3$ 答

(6) $4x^2+12x+9=0$

$(2x+3)^2=0$

$x=-\dfrac{3}{2}$ 答

 次の2次方程式を解け。

(1) $x^2-2x-4=0$

$(x-1)^2-1-4=0$

$(x-1)^2=5$

$x-1=\pm\sqrt{5}$

$x=1\pm\sqrt{5}$ 答

(2) $\dfrac{(x+2)(x-6)}{3}=\dfrac{x(x-1)}{4}$

両辺を12倍して,

$4(x+2)(x-6)=3x(x-1)$

$4(x^2-4x-12)=3x^2-3x$

$4x^2-16x-48=3x^2-3x$

$x^2-13x-48=0$

$(x-16)(x+3)=0$

$x=16,\ -3$ 答

---

**アドバイス**

2次方程式の異なる実数解は, **1** (1)〜(4)のように2個のこともありますし, (5), (6)のように1個のときもあります。これは2つの解が重なったものと考えて, **重解**といいます。

**1** 次の2次方程式を解け。

(1) $6x^2+19x+10=0$
$(2x+5)(3x+2)=0$
$$x=-\frac{5}{2},\ -\frac{2}{3}\ \text{答}$$

(2) $4x^2+11x-3=0$
$(4x-1)(x+3)=0$
$$x=\frac{1}{4},\ -3\ \text{答}$$

(3) $x^2+3x-2=0$
$$x=\frac{-3\pm\sqrt{3^2-4\cdot1\cdot(-2)}}{2\cdot1}$$
$$x=\frac{-3\pm\sqrt{17}}{2}\ \text{答}$$

(4) $2x^2+7x+2=0$
$$x=\frac{-7\pm\sqrt{7^2-4\cdot2\cdot2}}{2\cdot2}$$
$$x=\frac{-7\pm\sqrt{33}}{4}\ \text{答}$$

**CHALLENGE** 次の2次方程式を解け。

(1) $x^2+\frac{5}{6}x-\frac{2}{3}=0$

両辺を6倍して，
$$6x^2+5x-4=0$$
$$(3x+4)(2x-1)=0$$
$$x=-\frac{4}{3},\ \frac{1}{2}\ \text{答}$$

(2) $\frac{3}{2}x^2+x-\frac{3}{4}=0$

両辺を4倍して，
$$6x^2+4x-3=0$$
$$x=\frac{-4\pm\sqrt{4^2-4\cdot6\cdot(-3)}}{2\cdot6}$$
$$x=\frac{-4\pm\sqrt{88}}{12}$$
$$x=\frac{-4\pm2\sqrt{22}}{12}$$
$$x=\frac{2(-2\pm\sqrt{22})}{12}$$
$$x=\frac{-2\pm\sqrt{22}}{6}\ \text{答}$$

▶ 参考

解の公式の証明
$$ax^2+bx+c=0\quad(a\neq0)$$
$$x^2+\frac{b}{a}x+\frac{c}{a}=0$$
$$x^2+\frac{b}{a}x=-\frac{c}{a}$$
$$\left(x+\frac{b}{2a}\right)^2-\left(\frac{b}{2a}\right)^2=-\frac{c}{a}$$
$$\left(x+\frac{b}{2a}\right)^2=\frac{b^2}{4a^2}-\frac{c}{a}$$
$$\left(x+\frac{b}{2a}\right)^2=\frac{b^2-4ac}{4a^2}$$
$$x+\frac{b}{2a}=\pm\frac{\sqrt{b^2-4ac}}{2a}$$
$$x=-\frac{b}{2a}\pm\frac{\sqrt{b^2-4ac}}{2a}$$
$$=\frac{-b\pm\sqrt{b^2-4ac}}{2a}$$

**1** (1) 次のうち, 集合であるものはどちらか。

    (ア) 大きい数                 (イ) 2 以上の数

    含まれるものがはっきり定まるものの集まりが集合であるから,

      (イ) 答

(2) 1 以上 20 以下の 3 の倍数の集合を $A$ とする。次の 〔 〕 に適切な記号を書け。

    (ア) 6 $\boxed{\in}$ $A$ 答                 (イ) 14 $\boxed{\notin}$ $A$ 答

**2** (1) $A=\{a\,|\,a$ は 1 以上 20 以下の 3 の倍数$\}$ を要素を書き並べる方法で表せ。

    $A=\{3,\ 6,\ 9,\ 12,\ 15,\ 18\}$ 答

(2) $B=\{1,\ 3,\ 5,\ 7,\ 9,\ 11\}$ を要素の条件を書く方法で表せ。

    $B=\{b\,|\,b$ は 1 以上 11 以下の奇数$\}$ 答

---

▶ **参考**
次のように集合を表すこともできます。
$B=\{2b-1\,|\,b$ は 1 以上 6 以下の自然数$\}$

---

CHALLENGE

(1) $A=\{3a+2\,|\,a$ は整数, $0\leqq a\leqq100\}$ を要素を書き並べる方法で表せ。

    $A=\{2,\ 5,\ 8,\ \cdots\cdots,\ 302\}$ 答       3$a$+2 に $a$=0, 1, 2, ……, 100 を代入

(2) $B=\{2,\ 4,\ 6,\ \cdots\cdots,\ 100\}$ を要素の条件を書く方法で表せ。

    $B=\{2b\,|\,b$ は整数, $1\leqq b\leqq50\}$ 答      2, 4, 6, ……, 100 は偶数だから, $b$ を 1 以上 50 以下の整数として 2$b$ と表せる

---

▶ **参考**
「$b$ は整数, $1\leqq b\leqq50$」を「$b$ は 1 以上 50 以下の整数」と表してもよいです。

---

**アドバイス**

    CHALLENGE (1)のように, 規則が明らかで, 要素の個数が多い場合は,「……」を用いて表すことがあります。
また, 自然数全体の集合 $N$ のように, 要素が無限にある場合も
    $N=\{1,\ 2,\ 3,\ \cdots\cdots\}$
のように「……」を用いて表します。

**1** 次の集合のうち，$A=\{1, 2, 3, 4, 5, 6, 7\}$の部分集合であるものを選び，記号 $\subset$ を用いて表せ。

$B=\{3, 4, 5, 6\}$，$C=\{2, 3, 5, 8\}$，$D=\{1, 4, 7\}$

$B\subset A$，$D\subset A$ 答

▶参考

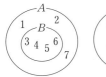  

**2** 全体集合を$U=\{x\mid x$は10以下の自然数$\}$とするとき，部分集合$A=\{2, 4, 7\}$の補集合$\overline{A}$を，要素を書き並べて表せ。

$\overline{A}=\{1, 3, 5, 6, 8, 9, 10\}$ 答

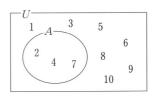

**3** $A=\{1, 3, 5, 7, 9\}$，$B=\{3, 4, 5, 6\}$について次の集合を求めよ。

(1) $A\cap B=\{3, 5\}$ 答
(2) $A\cup B=\{1, 3, 4, 5, 6, 7, 9\}$ 答

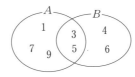

**CHALLENGE** $U=\{x\mid x$は10より小さい自然数$\}$を全体集合とする。$A=\{3, 5, 7\}$，$B=\{4, 5, 6, 7\}$について，次の集合を求めよ。

(1) $\overline{A}=\{1, 2, 4, 6, 8, 9\}$ 答
(2) $A\cap\overline{B}=\{3\}$ 答
(3) $\overline{A}\cup\overline{B}=\{1, 2, 3, 4, 6, 8, 9\}$ 答
(4) $\overline{A\cap B}=\{1, 2, 3, 4, 6, 8, 9\}$ 答

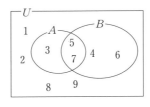

解説 (1) $\overline{A}$

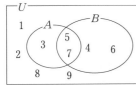

(2) $A\cap\overline{B}$

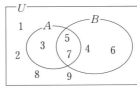

(3) $\overline{A}\cup\overline{B}$

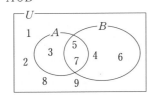

(4) $\overline{A\cap B}$

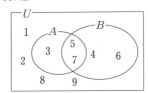

**1** 次のうち, 命題であるものはどれか。また, それらは真か偽かそれぞれ答えよ。

(ア) $3^2+4^2=5^2$

(イ) 小倉悠司は身長が高い。

(ウ) 18 の約数は 6 である。

命題であるものは,

(ア) 真 (ウ) 偽 **答**

**解説** (ア)について, $3^2+4^2=9+16=25$, $5^2=25$ であるから, 「$3^2+4^2=5^2$」は真である。

(イ)について, 「小倉悠司は身長が高い」は正しいか正しくないかが決まらないので, 命題ではない。

(ウ)について, 18 の約数は, 6 以外に例えば 3 などもあるため, 偽である。

**2** 次の命題が真であるか偽であるか答えよ。また, 偽であるときは反例をあげよ。ただし, $x$は実数とする。

(1) $x>2 \implies x>1$

(2) $x^2-5x+6=0 \implies x=2$

(1) 真 **答**

(2) 偽 (反例：$x=3$) **答**

**解説** (1)

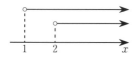

$x$ が 2 より大きければ, $x$ は 1 より大きいので, $x>2 \implies x>1$ は真である。

(2) $x^2-5x+6=0$ すなわち, $(x-2)(x-3)=0$ の解は $x=2, 3$ であるから, 反例は $x=3$ である。

**3** 次の条件の否定を答えよ。

(1) 自然数$n$は偶数である。

(2) $x>2$

(1) 自然数$n$は奇数である。 **答**

(2) $x \leq 2$ **答**

---

**CHALLENGE** 次の命題が真であるか偽であるか答えよ。また, 偽であるときは反例をあげよ。ただし, $a$, $b$は実数とする。

(1) $a$, $b$がともに素数ならば, $a+b$は素数である。

(2) $a+b$かつ$ab$が有理数ならば, $a$, $b$はともに有理数である。

(1) 偽(反例：$a=3$, $b=7$) **答**

**解説** $a=3$, $b=7$ のとき, $a$, $b$はともに素数であるが, $a+b=10$ となり素数ではない。

(2) 偽(反例：$a=3-\sqrt{5}$, $b=3+\sqrt{5}$) **答**

**解説** $a=3-\sqrt{5}$, $b=3+\sqrt{5}$ のとき, $a+b=6$, $ab=9-5=4$ で$a+b$と$ab$は有理数であるが, $a$, $b$は有理数ではない。

---

**アドバイス**

命題「$p \implies q$」の反例は, $p$(仮定)はみたすが$q$(結論)はみたさない例です。例えば, 命題「$a$, $b$が素数ならば, $a+b$は素数である」において, 「$a=3$, $b=6$」は$a+b=3+6=9$(素数ではない)で結論はみたしませんが, そもそも仮定の「$a$, $b$が素数」をみたさないので, 反例とはいえません。

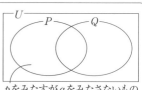

$p$をみたすが$q$をみたさないもの

**1** 次の ⬚ の中に，「十分」，「必要」のうち最も適切なものを入れよ。ただし，$x, y$ は実数とする。

(1) 命題「$x=3 \implies x^2=9$」は真であり，

命題「$x=3 \impliedby x^2=9$」は偽（反例は $x=-3$）であるから，

$x=3$ は $x^2=9$ であるための $\boxed{十分}$ 条件であるが $\boxed{必要}$ 条件ではない。**答**

(2) 命題「$x+y>0 \implies x>0$ かつ $y>0$」は偽（反例は $x=5, y=-2$）であり，

命題「$x+y>0 \impliedby x>0$ かつ $y>0$」は真であるから，

$x+y>0$ は $x>0$ かつ $y>0$ であるための $\boxed{必要}$ 条件であるが $\boxed{十分}$ 条件ではない。**答**

**2** 次の $p, q$ について，$p$ が $q$ であるための必要十分条件になっているものを答えよ。ただし，$x$ は実数とする。

(1) $p：x=5$,　　$q：7x=35$
(2) $p：x=1$,　　$q：x^2=1$

(1) $7x=35$ は $x=5$ であるから，$p：x=5 \impliedby q：x=5$

よって，$p$ は $q$ であるための必要十分条件である。

(2) $x^2=1$ は $x=\pm 1$ であるから，$p \implies q$ は真であり，$p \impliedby q$ は偽である。

よって，$p$ は $q$ であるための十分条件である。

したがって，$p$ が $q$ であるための必要十分条件になっているものは，(1) **答**

CHALLENGE　　次の(1)〜(4)の文中の ⬚ にあてはまるものを①〜④の中から選べ。

ただし，$x, y$ は実数とする。

① 必要十分条件である
② 十分条件であるが必要条件ではない
③ 必要条件であるが十分条件ではない
④ 必要条件でも十分条件でもない

(1) $\triangle ABC \equiv \triangle DEF$ であることは，$\triangle ABC \backsim \triangle DEF$ であるための $\boxed{②}$。**答**

(2) $xy=0$ であることは，$x=0$ かつ $y=0$ であるための $\boxed{③}$。**答**

(3) $x^2+y^2=0$ であることは，$x=0$ かつ $y=0$ であるための $\boxed{①}$。**答**

(4) $x+y$ が無理数であることは，$x$ が無理数かつ $y$ が無理数であるための $\boxed{④}$。**答**

解説 (1) 「$\triangle ABC \equiv \triangle DEF \implies \triangle ABC \backsim \triangle DEF$」は真。

「$\triangle ABC \backsim \triangle DEF \implies \triangle ABC \equiv \triangle DEF$」は偽。

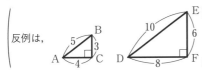

(2) $xy=0$ は，「$x=0$ または $y=0$」であるから，

「$xy=0 \implies x=0$ かつ $y=0$」は偽，「$x=0$ かつ $y=0 \implies xy=0$」は真。

(3) $x^2+y^2=0$ のとき，「$x^2=0$ かつ $y^2=0$」すなわち「$x=0$ かつ $y=0$」。

(4) 「$x+y$ が無理数 $\implies x$ が無理数かつ $y$ が無理数」は偽（反例は $x=3, y=\sqrt{2}$）。

「$x$ が無理数かつ $y$ が無理数 $\implies x+y$ が無理数」は偽（反例は $x=2+\sqrt{3}, y=2-\sqrt{3}$）。

**1** 次の命題の逆, 裏, 対偶を述べよ。また, その真偽を調べよ。ただし, $x$ は実数とする。

(1) $x>3 \implies x>0$

逆は, 仮定と結論をひっくり返したものより,

　　逆：$x>0 \implies x>3$　偽　（反例：$x=1$）**答**

裏は, 仮定と結論を否定したものより,

　　裏：$x \leqq 3 \implies x \leqq 0$　偽　（反例：$x=1$）**答**

対偶は, 仮定と結論を否定してひっくり返したものより,

　　対偶：$x \leqq 0 \implies x \leqq 3$　真　**答**

**解説**

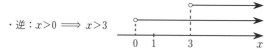

・逆：$x>0 \implies x>3$

　　$x=1$ は「$x>0$」はみたすが「$x>3$」はみたさないので反例であり, 反例があるので, 逆は偽である。

・裏について

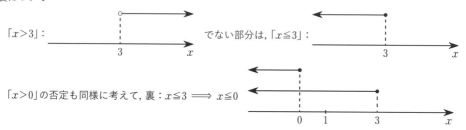

　　「$x>3$」：　　　　　　　　　　でない部分は,「$x \leqq 3$」：

「$x>0$」の否定も同様に考えて, 裏：$x \leqq 3 \implies x \leqq 0$

　　$x=1$ は「$x \leqq 3$」はみたすが「$x \leqq 0$」はみたさないので反例であり, 反例があるので, 裏は偽である。

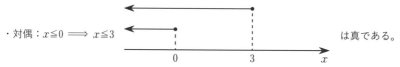

・対偶：$x \leqq 0 \implies x \leqq 3$　　　　　　は真である。

(2) $x=2 \implies x^2-5x+6=0$

$x^2-5x+6=0 \iff (x-2)(x-3)=0$

　　　　　　　　　$\iff x=2,3$

　　逆：$x^2-5x+6=0 \implies x=2$　偽　（反例：$x=3$）**答**

　　裏：$x \neq 2 \implies x^2-5x+6 \neq 0$　偽　（反例：$x=3$）**答**

　　対偶：$x^2-5x+6 \neq 0 \implies x \neq 2$　真　**答**

**CHALLENGE**　次の命題の逆, 裏, 対偶を述べよ。また, その真偽を調べよ。ただし, $x, y$ は実数とする。

　　　　　$x>y \implies x^2>y^2$

逆：$x^2>y^2 \implies x>y$　偽　（反例：$x=-5, y=-2$）**答**

裏：$x \leqq y \implies x^2 \leqq y^2$　偽　（反例：$x=-5, y=-2$）**答**

対偶：$x^2 \leqq y^2 \implies x \leqq y$　偽　（反例：$x=2, y=-6$）**答**

**解説** 逆：$x^2>y^2 \implies x>y$

　　$x^2>y^2$ のとき, $x$ の絶対値の方が $y$ の絶対値よりも大きいことがわかる。負の数は絶対値が大きい方が小さくなることに注意すると, $x=-5, y=-2$ は反例であることがわかる。

　　$(-5)^2>(-2)^2$ より,「$x^2>y^2$」はみたすが, $-5<-2$ より,「$x>y$」はみたさない。

　　よって, $x=-5, y=-2$ は反例であり, 反例があるので, 逆は偽である。

**1** $f(x)=-2x+7$ について, 次の値を求めよ。

(1) $f(5)=-2\cdot5+7=-3$ 答

(2) $f(-1)=-2\cdot(-1)+7=9$ 答

**2**

(1) 1 次関数 $y=-3x-4$ のグラフの傾きと $y$ 切片を求めよ。

傾きは $-3$, $y$ 切片は $-4$ 答

(2) $y$ が $x$ の 1 次関数で, グラフの傾きが 3, $y$ 切片が 5 のとき, $y$ を $x$ で表せ。
傾きが 3, $y$ 切片が 5 より,
$$y=3x+5 \text{ 答}$$

**CHALLENGE** $y$ は $x$ の 1 次関数で, そのグラフが 2 点 $(-2, 8)$, $(1, 2)$ を通る直線であるとき, $y$ を $x$ で表せ。

$y$ は $x$ の 1 次関数であるから $y=ax+b$ とおける。
このグラフが 2 点 $(-2, 8)$, $(1, 2)$ を通るとき,
$$\begin{cases} -2a+b=8 \\ a+b=2 \end{cases}$$
この連立方程式を解くと,
$a=-2$, $b=4$

よって, 求める式は,
$$y=-2x+4 \text{ 答}$$

(別解)

| $x$ | $-2$ | $\rightarrow$ | $1$ |
|---|---|---|---|
| $y$ | $8$ | $\rightarrow$ | $2$ |

$x$ が $-2$ から 1 まで $1-(-2)=3$ 増加したときに,
$y$ は 8 から 2 まで $2-8=-6$ 増加している。

傾きは $x$ が 1 増加したときの $y$ の増加量だから, $\dfrac{y \text{ の増加量}}{x \text{ の増加量}}$ で
求めることができ,
$$(傾き)=\frac{2-8}{1-(-2)}=\frac{-6}{3}=-2$$

$y$ の増加量を $x$ の増加量
で等分する。

よって, 求める式は,
$$y=-2x+b$$
とおくことができ, 点 $(1, 2)$ を通るので,
$$2=-2\times1+b$$
$$b=4$$
したがって, 求める式は,
$$y=-2x+4 \text{ 答}$$

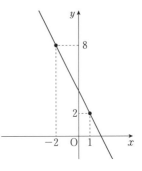

**1** 縦の長さが $x$ cm, 横の長さが $2x$ cm である長方形の面積が $y$ cm² であるとき, $y$ を $x$ の関係式で表し, 「$y$ は $x$ に比例する」か「$y$ は $x^2$ に比例する」か答えよ。

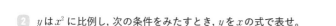

$$y = x \cdot 2x = 2x^2$$

と表すことができ,

$y$ は $x^2$ に比例する。 答

**2** $y$ は $x^2$ に比例し, 次の条件をみたすとき, $y$ を $x$ の式で表せ。

(1) $x=2$ のとき $y=-12$

$y$ は $x^2$ に比例するので, $y=ax^2$ $(a \neq 0)$ と表せる。$x=2$ のとき, $y=-12$ であるから,

$$-12 = a \cdot 2^2$$
$$a = -3$$

よって,

$$y = -3x^2 \quad 答$$

(2) $x=4$ のとき $y=8$

$y$ は $x^2$ に比例するので, $y=ax^2$ $(a \neq 0)$ と表せる。$x=4$ のとき, $y=8$ であるから,

$$8 = a \cdot 4^2$$
$$a = \frac{1}{2}$$

よって,

$$y = \frac{1}{2}x^2 \quad 答$$

**CHALLENGE** $y$ は $x+3$ の 2 乗に比例しており, $x=-2$ のとき $y=6$ である。このとき, 比例定数を求め, $x=4$ のときの $y$ の値を求めよ。

$y$ は $x+3$ の 2 乗に比例するので, $y=a(x+3)^2$ $(a \neq 0)$ と表される。

$x=-2$ のとき, $y=6$ であるから,

$$6 = a(-2+3)^2$$
$$a = 6$$

これより,

$$y = 6(x+3)^2$$

よって,

比例定数は 6

また, $x=4$ のとき,

$$y = 6 \cdot (4+3)^2$$
$$= 294 \quad 答$$

**1** 次の①～④の関数について，グラフが $x$ 軸の上側にある関数を答えよ。

① $y=-\dfrac{2}{3}x^2$      ② $y=x^2$      ③ $y=-0.1x^2$      ④ $y=\dfrac{2}{3}x^2$

$y=ax^2$ のグラフが $x$ 軸の上側にあるのは，$a>0$ の場合であるから，
②と④ **答**

**2** 関数 $y=\dfrac{1}{2}x^2$ のグラフをかけ。

**答**

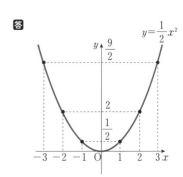

| $x$ | $\cdots$ | $-3$ | $-2$ | $-1$ | $0$ | $1$ | $2$ | $3$ | $\cdots$ |
|---|---|---|---|---|---|---|---|---|---|
| $y$ | $\cdots$ | $\dfrac{9}{2}$ | $2$ | $\dfrac{1}{2}$ | $0$ | $\dfrac{1}{2}$ | $2$ | $\dfrac{9}{2}$ | $\cdots$ |

上の表で得られた点をなめらかにつなぐと，右の図のようになる。

**CHALLENGE** 次の①～④の関数について，グラフが $x$ 軸に関して対称である（$x$ 軸を折り目として折り返すとぴったり重なる）組はどれとどれか。

① $y=-\dfrac{2}{3}x^2$      ② $y=x^2$      ③ $y=-0.1x^2$      ④ $y=\dfrac{2}{3}x^2$

①$y=-\dfrac{2}{3}x^2$ と④$y=\dfrac{2}{3}x^2$ は $x^2$ の係数の絶対値が同じで，符号が違う数になっている。よって，①と④のグラフは $x$ 軸に関して対称である（$x$ 軸を折り目として折り返すとぴったり重なる）。**答**

▶ 参考

一般的に，
$$y=ax^2 \text{ と } y=-ax^2$$
のグラフは $x$ 軸に関して対称
になります。

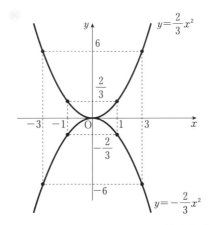

| $x$ | $\cdots$ | $-3$ | $-1$ | $0$ | $1$ | $3$ | $\cdots$ |
|---|---|---|---|---|---|---|---|
| $\dfrac{2}{3}x^2$ | $\cdots$ | $6$ | $\dfrac{2}{3}$ | $0$ | $\dfrac{2}{3}$ | $6$ | $\cdots$ |
| $-\dfrac{2}{3}x^2$ | $\cdots$ | $-6$ | $-\dfrac{2}{3}$ | $0$ | $-\dfrac{2}{3}$ | $-6$ | $\cdots$ |

**1** 次の2次関数は[ ]内の2次関数をどのように移動したグラフか説明し，頂点の座標を求めよ。

(1) $y=x^2-2$ 〔$y=x^2$〕

$y=x^2$ のグラフを $y$ 軸方向に $-2$ だけ平行移動したグラフ **答**

であり，頂点の座標は

$(0, -2)$ **答**

なお，グラフは右の図のようになる。

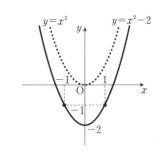

(2) $y=-\dfrac{1}{2}x^2+3$ 〔$y=-\dfrac{1}{2}x^2$〕

$y=-\dfrac{1}{2}x^2$ のグラフを $y$ 軸方向に $3$ だけ平行移動したグラフ **答**

であり，頂点の座標は

$(0, 3)$ **答**

なお，グラフは右の図のようになる。

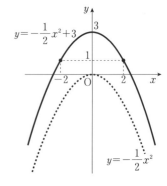

**CHALLENGE** 2次関数 $y=\dfrac{1}{2}x^2+2$ の頂点の座標を求め，グラフをかけ。

$y=\dfrac{1}{2}x^2$ を $y$ 軸方向に $2$ だけ平行移動したグラフであるから，

頂点の座標は $(0, 2)$ **答**

また，グラフは右の図のようになる。

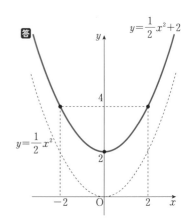

▶ 参考

今回のような，放物線のグラフをかけという問題では，基本的には通る3点を明らかにしておきます。

明らかにしておく通る3点でオススメのものは，

①　頂点の座標

②　$(\Box, \triangle)$

③　$(-\Box, \triangle)$ ⟵軸について対称な点

です。今回の問題では，グラフが通る3点として，

①$(0, 2)$，②$(2, 4)$，③$(-2, 4)$

を明らかにしています。

**1** 次の2次関数のグラフは〔 〕内の2次関数のグラフをどのように平行移動したグラフか。また, 軸と頂点の座標を求めよ。

(1) $y=\dfrac{1}{2}(x+2)^2$ 〔$y=\dfrac{1}{2}x^2$〕

$y=\dfrac{1}{2}(x+2)^2$ は,

$\qquad y=\dfrac{1}{2}\{x-(-2)\}^2$

と表すことができるので, $y=\dfrac{1}{2}x^2$ を

$\qquad x$ 軸方向に $-2$ 答

だけ平行移動したグラフである。

よって,

$\qquad$ 軸は直線 $x=-2$, 頂点の座標は $(-2, 0)$ 答

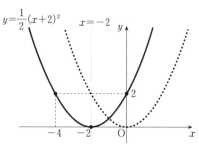

(2) $y=-2(x-3)^2$ 〔$y=-2x^2$〕

$y=-2(x-3)^2$ は, $y=-2x^2$ を

$\qquad x$ 軸方向に $3$ 答

だけ平行移動したグラフである。

よって,

$\qquad$ 軸は直線 $x=3$, 頂点の座標は $(3, 0)$ 答

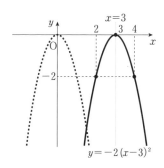

**CHALLENGE** $y=-2(x+3)^2$ のグラフの軸と頂点の座標を求め, グラフをかけ。

$y=-2(x+3)^2$ は,

$\qquad y=-2\{x-(-3)\}^2$

と表すことができるので, $y=-2x^2$ を

$\qquad x$ 軸方向に $-3$

だけ平行移動したグラフである。

$\qquad$ よって,

$\qquad$ 軸は直線 $x=-3$, 頂点の座標は $(-3, 0)$ 答

また, グラフは右の図のようになる。

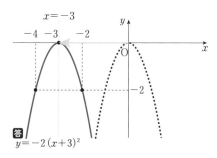

**アドバイス**

$y=ax^2$ のグラフを

$\qquad \underset{\sim}{x}$ 軸方向に $p$

だけ平行移動したグラフ

の方程式は,

$\qquad y=a(\underline{x-p})^2$ ⬅ $y=ax^2$ の $x$ のところを
$\phantom{\qquad y=a(\underline{x-p})^2} \quad$ $x-p$ に変えたもの。

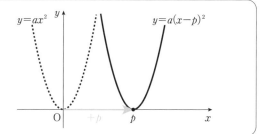

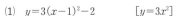

## Chapter 3
## 33講 $y=a(x-p)^2+q$ のグラフ

演習の問題 → 本冊 P.83

**1** 次の 2 次関数は [ ] 内のグラフをどのように平行移動したグラフか。また, 軸と頂点の座標を求めよ。

(1) $y=3(x-1)^2-2$      $[y=3x^2]$

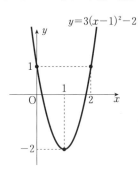

$y=3(x-1)^2-2$ のグラフは,
$y=3x^2$ のグラフを
　　$x$ 軸方向に 1, $y$ 軸方向に $-2$ 答
だけ平行移動したグラフである。
よって,
　　軸は直線 $x=1$, 頂点の座標は $(1, -2)$ 答

(2) $y=-2(x+1)^2+2$      $[y=-2x^2]$

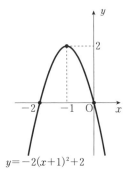

$y=-2(x+1)^2+2$ のグラフは,
$y=-2x^2$ のグラフを
　　$x$ 軸方向に $-1$, $y$ 軸方向に 2 答
だけ平行移動したグラフである。
よって,
　　軸は直線 $x=-1$, 頂点の座標は $(-1, 2)$ 答

**CHALLENGE**　2 次関数 $y=-\dfrac{1}{2}(x-2)^2-1$ の軸と頂点の座標を求め, グラフをかけ。

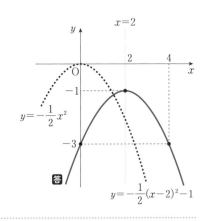

　　$y=-\dfrac{1}{2}(x-2)^2-1$ のグラフは,

　　$y=-\dfrac{1}{2}x^2$ のグラフを

　　　　$x$ 軸方向に 2, $y$ 軸方向に $-1$
　　だけ平行移動したグラフである。
　　　よって,
　　　　軸は直線 $x=2$, 頂点の座標は $(2, -1)$ 答
　　また, グラフは右の図のようになる。答

---

▶ 参考
　　今回は通る 3 点として,
　　① $(2, -1)$(頂点)
　　② $(0, -3)$($y$ 軸との交点)
　　③ $(4, -3)$($y$ 軸との交点と軸に関して対称な点)
　を明らかにしています。

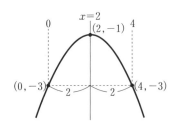

---

**1** 次の 2 次関数を平方完成せよ。

(1) $y = x^2 - 2x - 3$
$\quad = (x-1)^2 - 1^2 - 3$
$\quad = (x-1)^2 - 4$ (答)

(2) $y = 3x^2 - 18x + 6$
$\quad = 3(x^2 - 6x) + 6$
$\quad = 3\{(x-3)^2 - 3^2\} + 6$
$\quad = 3(x-3)^2 - 27 + 6$
$\quad = 3(x-3)^2 - 21$ (答)

CHALLENGE　2 次関数 $y = -3x^2 + 9x + 1$ を平方完成せよ。

$y = -3x^2 + 9x + 1$ ── $x^2$ の係数でくくる。

$= -3(x^2 - 3x) + 1$ ←── かっこの中を平方完成。

$= -3\left\{\left(x - \dfrac{3}{2}\right)^2 - \left(\dfrac{3}{2}\right)^2\right\} + 1$ ←── $\left(\left(x - \dfrac{\square}{2}\right)^2 - \left(\dfrac{\square}{2}\right)^2\right.$ において □=3 として行う。

$= -3\left(x - \dfrac{3}{2}\right)^2 + \dfrac{27}{4} + 1$ ←── $-3$ を $\left(x - \dfrac{3}{2}\right)^2$ と $-\left(\dfrac{3}{2}\right)^2$ にかける。

$= -3\left(x - \dfrac{3}{2}\right)^2 + \dfrac{31}{4}$ (答) ←── 整理して $a(x-p)^2 + q$ の形にする。

**アドバイス**

$y = ax^2 + bx + c$ を平方完成してみましょう。

$y = ax^2 + bx + c$

$= a\left(x^2 + \dfrac{b}{a}x\right) + c$ ← $x^2$ の係数でくくる

$= a\left\{\left(x + \dfrac{b}{2a}\right)^2 - \left(\dfrac{b}{2a}\right)^2\right\} + c$ ← かっこの中を平方完成 $\left(\left(x + \dfrac{\square}{2}\right)^2 - \left(\dfrac{\square}{2}\right)^2$ において □=$\dfrac{b}{a}$ として行う。$\right)$

$= a\left(x + \dfrac{b}{2a}\right)^2 - a \times \dfrac{b^2}{4a^2} + c$ ← $a$ を $\left(x + \dfrac{b}{2a}\right)^2$ と $-\left(\dfrac{b}{2a}\right)^2$ にかける

$= a\left(x + \dfrac{b}{2a}\right)^2 - \dfrac{b^2}{4a} + \dfrac{4ac}{4a}$ ← 整理して $a(x-p)^2 + q$ の形にする

$= a\left(x + \dfrac{b}{2a}\right)^2 - \dfrac{b^2 - 4ac}{4a}$

1️⃣ 次の2次関数の軸と頂点の座標を求め, グラフをかけ。

$y = -x^2 - 2x + 4$
$\quad = -(x^2 + 2x) + 4$
$\quad = -\{(x+1)^2 - 1^2\} + 4$
$\quad = -(x+1)^2 + 1 + 4$
$\quad = -(x+1)^2 + 5$

これより, $y = -x^2$ のグラフを
$\quad x$軸方向に $-1$, $y$軸方向に $5$
だけ平行移動したグラフである。
$\quad$軸は直線 $x = -1$, 頂点の座標は $(-1, 5)$ 答

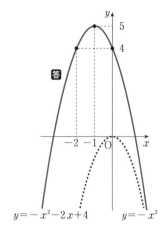

$y = -x^2 - 2x + 4$　　$y = -x^2$

**CHALLENGE** 次の2次関数の軸と頂点の座標を求め, グラフをかけ。

$y = 2x^2 + 3x + 1$
$\quad = 2\left(x^2 + \dfrac{3}{2}x\right) + 1$
$\quad = 2\left\{\left(x + \dfrac{3}{4}\right)^2 - \left(\dfrac{3}{4}\right)^2\right\} + 1$
$\quad = 2\left(x + \dfrac{3}{4}\right)^2 - \dfrac{9}{8} + 1$
$\quad = 2\left(x + \dfrac{3}{4}\right)^2 - \dfrac{1}{8}$

これより, $y = 2x^2$ のグラフを
$\quad x$軸方向に $-\dfrac{3}{4}$, $y$軸方向に $-\dfrac{1}{8}$
だけ平行移動したグラフである。
$\quad$軸は直線 $x = -\dfrac{3}{4}$, 頂点の座標は $\left(-\dfrac{3}{4}, -\dfrac{1}{8}\right)$ 答

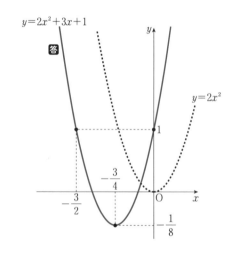

$y = 2x^2 + 3x + 1$　　$y = 2x^2$

アドバイス

2次関数 $y = ax^2 + bx + c$ を平方完成すると,
$$y = a\left(x + \dfrac{b}{2a}\right)^2 - \dfrac{b^2 - 4ac}{4a}$$
このグラフは, $y = ax^2$ を
$\quad x$軸方向に $-\dfrac{b}{2a}$, $y$軸方向に $-\dfrac{b^2 - 4ac}{4a}$
だけ平行移動したグラフであり,
$\quad$軸は直線 $x = -\dfrac{b}{2a}$, 頂点の座標は $\left(-\dfrac{b}{2a}, -\dfrac{b^2 - 4ac}{4a}\right)$

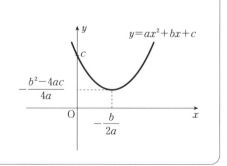

$y = ax^2 + bx + c$

**1** 次の2次関数の最小値, 最大値を求めよ。

(1) $y=2(x+1)^2-4$

頂点は $(-1, -4)$ であり, $x^2$ の係数は正であるから,
下に凸のグラフであり, 次の図のようになる。

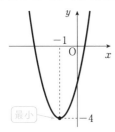

$x=-1$ のとき最小値 $-4$
最大値はない。**答**

(2) $y=-\dfrac{1}{2}(x-5)^2-1$

頂点は $(5, -1)$ であり, $x^2$ の係数は負であるから,
上に凸のグラフであり, 次の図のようになる。

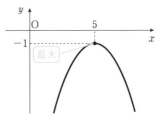

最小値はない。
$x=5$ のとき最大値 $-1$ **答**

(3) $y=\dfrac{2}{3}(x-3)^2+5$

頂点は $(3, 5)$ であり, $x^2$ の係数は正であるから,
下に凸のグラフであり, 次の図のようになる。

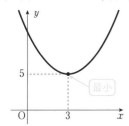

$x=3$ のとき最小値 $5$
最大値はない。**答**

(4) $y=-2(x+4)^2-4$

頂点は $(-4, -4)$ であり, $x^2$ の係数は負であるから,
上に凸のグラフであり, 次の図のようになる。

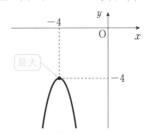

最小値はない。
$x=-4$ のとき最大値 $-4$ **答**

**CHALLENGE** 2次関数 $y=-2x^2+3x-1$ の最小値, 最大値を求めよ。

$$y=-2x^2+3x-1$$
$$=-2\left(x^2-\dfrac{3}{2}x\right)-1$$
$$=-2\left\{\left(x-\dfrac{3}{4}\right)^2-\left(\dfrac{3}{4}\right)^2\right\}-1$$
$$=-2\left(x-\dfrac{3}{4}\right)^2+\dfrac{9}{8}-1$$
$$=-2\left(x-\dfrac{3}{4}\right)^2+\dfrac{1}{8}$$

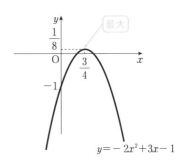

頂点は $\left(\dfrac{3}{4}, \dfrac{1}{8}\right)$ であり, $x^2$ の係数は負であるから,

上に凸のグラフであり, 右の図のようになる。
よって,

最小値はない。

$x=\dfrac{3}{4}$ のとき最大値 $\dfrac{1}{8}$ **答**

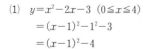

演習の問題 ➡ 本冊 P.91

■1 次の2次関数の最大値と最小値, およびそのときの $x$ の値を求めよ。

(1) $y=x^2-2x-3$ $(0\leqq x\leqq 4)$
　　$=(x-1)^2-1^2-3$
　　$=(x-1)^2-4$
　　$0\leqq x\leqq 4$ におけるグラフは, 右の図の実線部分になるので,
　　　　$x=4$ のとき, 最大値 $5$
　　　　$x=1$ のとき, 最小値 $-4$ 答

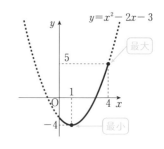

(2) $y=\dfrac{1}{2}x^2-2x$ $(-1\leqq x\leqq 1)$
　　$=\dfrac{1}{2}(x^2-4x)$
　　$=\dfrac{1}{2}\{(x-2)^2-2^2\}$
　　$=\dfrac{1}{2}(x-2)^2-2$
　　$-1\leqq x\leqq 1$ におけるグラフは, 右の図の実線部分になるので,
　　　　$x=-1$ のとき, 最大値 $\dfrac{5}{2}$
　　　　$x=1$ のとき, 最小値 $-\dfrac{3}{2}$ 答

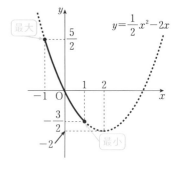

**CHALLENGE** 2次関数 $y=-x^2+6x-7$ の次の範囲における最大値と最小値, およびそのときの $x$ の値を求めよ。

(1) $-1\leqq x\leqq 4$ 　　　　　　　　(2) $4\leqq x\leqq 6$

　　$y=-x^2+6x-7$
　　$=-(x^2-6x)-7$
　　$=-\{(x-3)^2-3^2\}-7$
　　$=-(x-3)^2+9-7$
　　$=-(x-3)^2+2$

(1) $-1\leqq x\leqq 4$ におけるグラフは, 右の図の実線部分になるので,
　　　　$x=3$ のとき最大値 $2$ 答
　　　　$x=-1$ のとき最小値 $-14$ 答

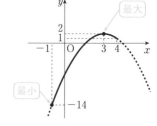

(2) $4\leqq x\leqq 6$ におけるグラフは, 右の図の実線部分になるので,
　　　　$x=4$ のとき最大値 $1$
　　　　$x=6$ のとき最小値 $-7$ 答

**1** 次の2次関数のグラフと $x$ 軸の共有点の座標を求めよ。

(1) $y=-x^2+6x-9$

$y=-x^2+6x-9$ と $y=0$ を連立して、
$$-x^2+6x-9=0$$
$$x^2-6x+9=0$$
$$(x-3)^2=0$$
$$x=3$$
よって、求める共有点の座標は
$(3, 0)$ 答

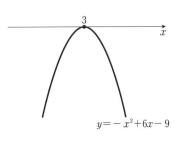

(2) $y=3x^2+5x-2$

$y=3x^2+5x-2$ と $y=0$ を連立して、
$$3x^2+5x-2=0$$
$$(3x-1)(x+2)=0$$
$$x=\frac{1}{3},\ -2$$
よって、求める共有点の座標は
$\left(\frac{1}{3}, 0\right),\ (-2, 0)$ 答

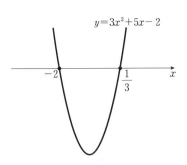

CHALLENGE　2次関数 $y=3x^2+8x+2$ のグラフと $x$ 軸の共有点の座標を求めよ。

$y=3x^2+8x+2$ と $y=0$ を連立して、
$$3x^2+8x+2=0$$
$$x=\frac{-8\pm\sqrt{8^2-4\cdot3\cdot2}}{2\cdot3}$$
$$=\frac{-8\pm\sqrt{40}}{6}$$
$$=\frac{-8\pm2\sqrt{10}}{6}$$
$$=\frac{-4\pm\sqrt{10}}{3}$$
よって、求める共有点の座標は
$\left(\frac{-4+\sqrt{10}}{3}, 0\right),\ \left(\frac{-4-\sqrt{10}}{3}, 0\right)$ 答

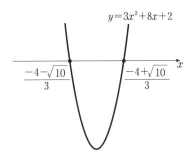

**アドバイス**

2次方程式が $ax^2+2bx+c=0$ の形をしている場合, 解の公式を用いると,
$$x=\frac{-2b\pm\sqrt{(2b)^2-4ac}}{2a}=\frac{-2b\pm\sqrt{4(b^2-ac)}}{2a}=\frac{-2b\pm2\sqrt{b^2-ac}}{2a}=\frac{-b\pm\sqrt{b^2-ac}}{a}$$
となります。
$3x^2+8x+2=0$ にこれを用いると, $a=3,\ 2b=8\ (b=4),\ c=2$ より,
$$x=\frac{-4\pm\sqrt{4^2-3\cdot2}}{3}=\frac{-4\pm\sqrt{10}}{3}$$
と求めることができます。

1 次の2次不等式を解け。

(1) $x^2+5x-36<0$
$(x+9)(x-4)<0$
$-9<x<4$ 答

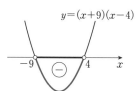
$y=(x+9)(x-4)$のグラフが
$y=0$($x$軸)より下側となる
$x$の値の範囲。

(2) $4x^2-5\geqq0$
$(2x)^2-(\sqrt{5})^2\geqq0$
$(2x+\sqrt{5})(2x-\sqrt{5})\geqq0$
$x\leqq-\dfrac{\sqrt{5}}{2},\ \dfrac{\sqrt{5}}{2}\leqq x$ 答

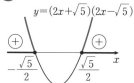
$y=(2x+\sqrt{5})(2x-\sqrt{5})$のグラフが
$y=0$($x$軸)より上側または
$x$軸上となる$x$の値の範囲。

(3) $3x^2+x-2>0$
$(3x-2)(x+1)>0$
$x<-1,\ \dfrac{2}{3}<x$ 答

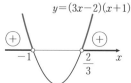
$y=(3x-2)(x+1)$のグラフが
$y=0$($x$軸)より上側となる
$x$の値の範囲。

(4) $2x^2-7x-4\leqq0$
$(2x+1)(x-4)\leqq0$
$-\dfrac{1}{2}\leqq x\leqq4$ 答

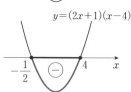
$y=(2x+1)(x-4)$のグラフが
$y=0$($x$軸)より下側または
$x$軸上となる$x$の値の範囲。

**CHALLENGE** 次の2次不等式を解け。

(1) $x^2+5x+1<0$
$x^2+5x+1=0$を解くと、
$$x=\dfrac{-5\pm\sqrt{5^2-4\cdot1\cdot1}}{2\cdot1}=\dfrac{-5\pm\sqrt{21}}{2}$$
これより、求める不等式の解は、
$$\dfrac{-5-\sqrt{21}}{2}<x<\dfrac{-5+\sqrt{21}}{2}$$ 答

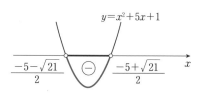
$y=x^2+5x+1$のグラフが
$y=0$($x$軸)より下側
となる$x$の値の範囲。

(2) $-2x^2+3x+1\leqq0$
両辺を$-1$倍して、
$2x^2-3x-1\geqq0$
$2x^2-3x-1=0$を解くと、
$$x=\dfrac{-(-3)\pm\sqrt{(-3)^2-4\cdot2\cdot(-1)}}{2\cdot2}=\dfrac{3\pm\sqrt{17}}{4}$$
これより、求める不等式の解は、
$$x\leqq\dfrac{3-\sqrt{17}}{4},\ \dfrac{3+\sqrt{17}}{4}\leqq x$$ 答

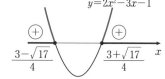
$y=2x^2-3x-1$のグラフが
$y=0$($x$軸)より上側または
$x$軸上となる$x$の値の範囲。

**1** 次の2次不等式を解け。

(1) $x^2+4x+4<0$

$\qquad (x+2)^2<0$

$y=(x+2)^2$ のグラフが $x$ 軸($y=0$)より下側となる
$x$ の値の範囲が解であるから,

$\qquad$ **ない** 答

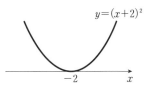

$y=(x+2)^2$

(2) $x^2-14x+49>0$

$\qquad (x-7)^2>0$

$y=(x-7)^2$ のグラフが $x$ 軸($y=0$)より上側となる
$x$ の値の範囲が解であるから,

$\qquad$ **7以外のすべての実数** 答

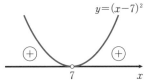

$y=(x-7)^2$

(3) $9x^2+6x+1\leqq0$

$\qquad (3x+1)^2\leqq0$

$y=(3x+1)^2$ のグラフが $x$ 軸($y=0$)より下側また
は $x$ 軸上となる $x$ の値の範囲が解であるから,

$\qquad x=-\dfrac{1}{3}$ 答

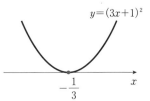

$y=(3x+1)^2$

(4) $4x^2-12x+9\geqq0$

$\qquad (2x-3)^2\geqq0$

$y=(2x-3)^2$ のグラフが $x$ 軸($y=0$)より上側また
は $x$ 軸上となる $x$ の値の範囲が解であるから,

$\qquad$ **すべての実数** 答

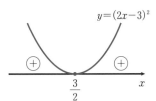

$y=(2x-3)^2$

CHALLENGE　　次の2次不等式を解け。

$\qquad -2x^2+12x-18\geqq0$

両辺を $-2$ で割ると,

$\qquad x^2-6x+9\leqq0$

$\qquad (x-3)^2\leqq0$

$y=(x-3)^2$ のグラフが $x$ 軸($y=0$)より下側ま
たは $x$ 軸上となる $x$ の値の範囲が解であるから,

$\qquad x=3$ 答

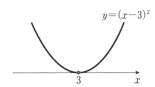

$y=(x-3)^2$

1 次の 2 次不等式を解け。

(1) $x^2+4x+6<0$

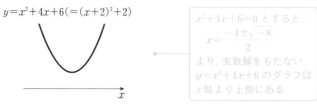
$$y=x^2+4x+6(=(x+2)^2+2)$$

$x^2+4x+6=0$ とすると,
$$x=\frac{-4\pm\sqrt{-8}}{2}$$
より, 実数解をもたない。
$y=x^2+4x+6$ のグラフは
$x$ 軸より上側にある。

$y=x^2+4x+6$ のグラフが $x$ 軸$(y=0)$より下側となる $x$ の値の範囲より,

　　**ない** 答

(2) $x^2-3x+4\geqq0$

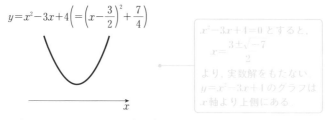
$$y=x^2-3x+4\left(=\left(x-\frac{3}{2}\right)^2+\frac{7}{4}\right)$$

$x^2-3x+4=0$ とすると,
$$x=\frac{3\pm\sqrt{-7}}{2}$$
より, 実数解をもたない
$y=x^2-3x+4$ のグラフは
$x$ 軸より上側にある

$y=x^2-3x+4$ のグラフが $x$ 軸$(y=0)$より上側または $x$ 軸上となる $x$ の値の範囲より,

　　**すべての実数** 答

(3) $3x^2-5x+8>0$

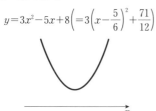
$$y=3x^2-5x+8\left(=3\left(x-\frac{5}{6}\right)^2+\frac{71}{12}\right)$$

よって, この不等式の解は,

　　**すべての実数** 答

(4) $2x^2+4x+5\leqq0$

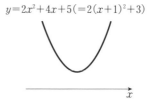
$$y=2x^2+4x+5(=2(x+1)^2+3)$$

よって, この不等式の解は,

　　**ない** 答

▶ 参考
　$3x^2-5x+8=0$ とすると,
$$x=\frac{5\pm\sqrt{-71}}{6}$$
より, $y=3x^2-5x+8$ のグラフは
$x$ 軸より上側にある。

▶ 参考
　$2x^2+4x+5=0$ とすると,
$$x=\frac{-4\pm\sqrt{-24}}{4}$$
より, $y=2x^2+4x+5$ のグラフは
$x$ 軸より上側にある。

**CHALLENGE** 次の 2 次不等式を解け。

$$-2x^2+3x-6\geqq0$$
両辺を $-1$ 倍すると,
$$2x^2-3x+6\leqq0$$
よって, この不等式の解は,
　　**ない** 答

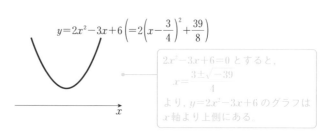
$$y=2x^2-3x+6\left(=2\left(x-\frac{3}{4}\right)^2+\frac{39}{8}\right)$$

$2x^2-3x+6=0$ とすると,
$$x=\frac{3\pm\sqrt{-39}}{4}$$
より, $y=2x^2-3x+6$ のグラフは
$x$ 軸より上側にある。

# 42講 | 相似な三角形

演習の問題 → 本冊 P.101

**1** 右の2つの四角形は相似である。

(1) 右の2つの四角形が相似の関係であることを記号 ∽ を使って表せ。

**答** 四角形 ABCD ∽ 四角形 HGFE

(2) ∠BAD に対応する角を答えよ。

**答** ∠GHE

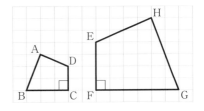

**2** 右の図において △ABC ∽ △DEF である。

(1) △ABC と △DEF の相似比を求めよ。

BC：EF＝2：3 より，△ABC と △DEF の相似比は，

2：3 **答**

(2) DE の長さを求めよ。

△ABC ∽ △DEF であり，対応する辺の比は相似比に等しいので，

AB：DE＝2：3

2DE＝9

$DE=\dfrac{9}{2}$ **答**

(3) ∠CAB の大きさを求めよ。

△ABC ∽ △DEF であり，対応する角の大きさは等しいので，

∠CAB＝35° **答**

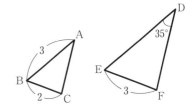

**3** 右の2つの三角形は相似である。相似条件を答えよ。

∠ABC＝180°−38°−85°＝57°

よって，

∠ABC＝∠EFD（＝57°），∠CAB＝∠DEF（＝38°）

したがって，△ABC ∽ △EFD となる相似条件は，

**2組の角がそれぞれ等しい** **答**

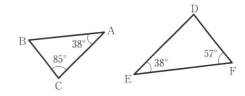

CHALLENGE　右の図で，AD＝3，AB＝6，AE＝2，∠ADE＝∠ACB であるとき，次の問いに答えよ。

(1) 相似な三角形を記号 ∽ を使って表せ。

∠ADE＝∠ACB，∠DAE＝∠CAB より，2組の角がそれぞれ等しいので，

△ADE ∽ △ACB **答**

(2) AC の長さを求めよ。

△ADE ∽ △ACB であり，対応する辺の比は等しいので，

AD：AC＝AE：AB

3：AC＝2：6

2AC＝3·6

AC＝9 **答**

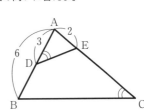

1 次の図の $x$ の値を求めよ。

(1)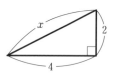

三平方の定理より，
$$2^2+4^2=x^2$$
$$x^2=20$$
$x>0$ より，
$$x=\sqrt{20}=2\sqrt{5}\ \text{答}$$

(2)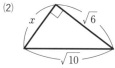

三平方の定理より，
$$x^2+(\sqrt{6})^2=(\sqrt{10})^2$$
$$x^2=4$$
$x>0$ より，
$$x=2\ \text{答}$$

(3)

三平方の定理より，
$$x^2+3^2=(\sqrt{11})^2$$
$$x^2=2$$
$x>0$ より，
$$x=\sqrt{2}\ \text{答}$$

2 次の図の $x$, $y$ を求めよ。

(1)

$x:3=1:1$ より，
$$x=3\ \text{答}$$
$y:3=\sqrt{2}:1$ より，
$$y=3\sqrt{2}\ \text{答}$$

(2)

$x:6=1:2$ より，
$$x=3\ \text{答}$$
$y:x=\sqrt{3}:1$ より，
$$y:3=\sqrt{3}:1$$
$$y=3\sqrt{3}\ \text{答}$$

**CHALLENGE**　右の図の AB の長さを求めよ。

△ADC について三平方の定理より，
$$DC^2+4^2=5^2$$
$$DC^2=9$$
$DC>0$ より，
$$DC=3$$
よって，$BC=BD+DC=4$
△ABC について三平方の定理より，
$$4^2+4^2=AB^2$$
$$AB^2=32$$
$AB>0$ より，
$$AB=\sqrt{32}=4\sqrt{2}\ \text{答}$$

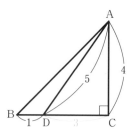

**アドバイス**

　辺の比が $3:4:5$ の直角三角形や，$5:12:13$ の
直角三角形は有名なので，覚えておくとよいです。

**1** 右の図の△ABCにおいて, $\sin\theta$, $\cos\theta$, $\tan\theta$の値を求めよ。

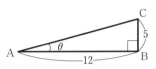

三平方の定理より,

$$AC^2 = 12^2 + 5^2$$
$$= 169$$

$AC > 0$ より,

$$AC = 13$$

よって,

$$\sin\theta = \frac{5}{13},\ \cos\theta = \frac{12}{13},\ \tan\theta = \frac{5}{12}\ \text{答}$$

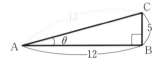

**2** 右の図の△ABCにおいて, $\sin\theta$, $\cos\theta$, $\tan\theta$の値を求めよ。

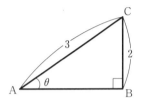

三平方の定理より

$$3^2 = AB^2 + 2^2$$
$$AB^2 = 5$$

$AB > 0$ より,

$$AB = \sqrt{5}$$

よって,

$$\sin\theta = \frac{2}{3},\ \cos\theta = \frac{\sqrt{5}}{3},\ \tan\theta = \frac{2}{\sqrt{5}}\ \text{答}$$

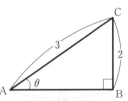

CHALLENGE　右の図の△ABCにおいて, $\sin\theta$, $\cos\theta$, $\tan\theta$の値を求めよ。

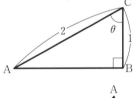

三平方の定理より

$$2^2 = AB^2 + 1^2$$
$$AB^2 = 3$$

$AB > 0$ より,

$$AB = \sqrt{3}$$

よって, 右図より,

$$\sin\theta = \frac{\sqrt{3}}{2},\ \cos\theta = \frac{1}{2},\ \tan\theta = \sqrt{3}\ \text{答}$$

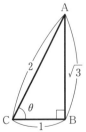

▶ 参考

右の図のような

$$BC : CA : AB = 1 : 2 : \sqrt{3}$$

の直角三角形は,

$$\angle ACB = 60°(=\theta),\ \angle CAB = 30°$$

になります。

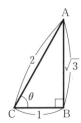

**1** 次の値を求めよ。

(1) $\cos 30° + \tan 30°$

$= \dfrac{\sqrt{3}}{2} + \dfrac{1}{\sqrt{3}}$

$= \dfrac{\sqrt{3}}{2} + \dfrac{\sqrt{3}}{3}$

$= \dfrac{5\sqrt{3}}{6}$ 答

(2) $\sin^2 30° + \cos^2 30°$

$= \left(\dfrac{1}{2}\right)^2 + \left(\dfrac{\sqrt{3}}{2}\right)^2$

$= \dfrac{1}{4} + \dfrac{3}{4}$

$= 1$ 答

**2** 次の値を求めよ。

(1) $\sin 45° \cos 45° \tan 45°$

$= \dfrac{1}{\sqrt{2}} \cdot \dfrac{1}{\sqrt{2}} \cdot 1$

$= \dfrac{1}{2}$ 答

(2) $\dfrac{1}{\cos^2 45°} - \tan^2 45°$

$= 1 \div \cos^2 45° - \tan^2 45°$

$= 1 \div \left(\dfrac{1}{\sqrt{2}}\right)^2 - 1^2 = 1 \div \dfrac{1}{2} - 1$

$= 1 \times 2 - 1$

$= 1$ 答

**3** 次の値を求めよ。

(1) $(\cos 60° + \sin 60°)(\cos 60° - \sin 60°)$

$= \cos^2 60° - \sin^2 60°$

$= \left(\dfrac{1}{2}\right)^2 - \left(\dfrac{\sqrt{3}}{2}\right)^2$

$= \dfrac{1}{4} - \dfrac{3}{4}$

$= -\dfrac{1}{2}$ 答

(2) $\dfrac{\sin 60°}{\cos 60°}$

$= \sin 60° \div \cos 60°$

$= \dfrac{\sqrt{3}}{2} \div \dfrac{1}{2}$

$= \dfrac{\sqrt{3}}{2} \times 2$

$= \sqrt{3}$ 答

**CHALLENGE** 次の式を満たすような $\theta (0° < \theta < 90°)$ の値をそれぞれ求めよ。

(1) $\sin \theta = \dfrac{1}{2}$

$\dfrac{(たて)}{(斜辺)} = \dfrac{1}{2}$ より，

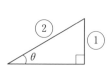

上の図から
$\theta = 30°$ 答

(2) $\cos \theta = \dfrac{1}{\sqrt{2}}$

$\dfrac{(よこ)}{(斜辺)} = \dfrac{1}{\sqrt{2}}$ より，

上の図から
$\theta = 45°$ 答

(3) $\tan \theta = \sqrt{3}$

$\dfrac{(たて)}{(よこ)} = \sqrt{3} = \dfrac{\sqrt{3}}{1}$ より，

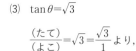

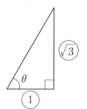

上の図から
$\theta = 60°$ 答

**1** 長さ 5 m のはしご AB を壁に立てかけたら, はしごと地面のなす角は 58° であった。
地面からはしごの上端までの高さ AC とはしごの下端から壁までの距離 BC を小数
第 2 位を四捨五入して求めよ。ただし, sin 58°=0.8480, cos 58°=0.5299 とする。

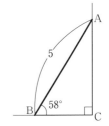

$AC=5\sin 58°$
$=5\times 0.8480$
$=4.24$
$\fallingdotseq 4.2$

$\sin 58°=\dfrac{AC}{5}$
$AC=5\sin 58°$
たて 斜辺

よって, AC は
4.2 m 答

$BC=5\cos 58°$
$=5\times 0.5299$
$=2.6495$
$\fallingdotseq 2.6$

$\cos 58°=\dfrac{BC}{5}$
$BC=5\cos 58°$
よこ 斜辺

よって, BC は
2.6 m 答

**2** まっすぐに流れている川があり, 川を渡らずおよその川幅を求めたい。いま, 点 B の真向かいの対岸 A に木が立
っていて, 点 B から川に沿って 3 m 進んだ点 C で, B の方向と A の方向のなす角度を測ったところ, 66° であった。
AB の長さを小数第 2 位を四捨五入して答えよ。ただし, tan 66°=2.2460 とする。

$AB=3\times\tan 66°$
$=3\times 2.2460$
$=6.738$
$\fallingdotseq 6.7$

よって, AB は
6.7 m 答

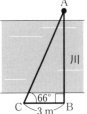

CHALLENGE　平地にある木の根元から 20 m 離れた地点で, 木の先端を見上げた角(仰角)が 32° であった。
目の高さを 1.5 m とするとき, この木の高さを小数第 2 位を四捨五入して答えよ。
ただし, tan 32°=0.6249 とする。

直角三角形 APB に注目すると,
$AB=20\times\tan 32°$
$=20\times 0.6249$
$=12.498$
(木の高さ)$=AB+BH$
$=12.498+1.5$
$=13.998$
$\fallingdotseq 14.0$

よって, 木の高さは
14.0 m 答

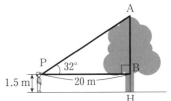

**1** $\cos\theta = \dfrac{1}{3}$ $(0° < \theta < 90°)$ のとき，次の三角比の値を求めよ。

(1) $\sin\theta$

$\sin^2\theta + \cos^2\theta = 1$ より，

$\quad \sin^2\theta + \dfrac{1}{9} = 1$

$\quad \sin^2\theta = \dfrac{8}{9}$

$\sin\theta > 0$ より，

$\quad \sin\theta = \dfrac{2\sqrt{2}}{3}$ 答

(2) $\tan\theta$

$\tan\theta = \dfrac{\sin\theta}{\cos\theta}$ より，

$\quad \tan\theta = \sin\theta \div \cos\theta$

であるから，

$\quad \tan\theta = \dfrac{2\sqrt{2}}{3} \div \dfrac{1}{3}$

$\qquad = \dfrac{2\sqrt{2}}{3} \times 3$

$\qquad = 2\sqrt{2}$ 答

**2** $\sin\theta = \dfrac{\sqrt{5}}{3}$ $(0° < \theta < 90°)$ のとき，次の三角比の値を求めよ。

(1) $\cos\theta$

$\sin^2\theta + \cos^2\theta = 1$ より，

$\quad \dfrac{5}{9} + \cos^2\theta = 1$

$\quad \cos^2\theta = \dfrac{4}{9}$

$\cos\theta > 0$ より，

$\quad \cos\theta = \dfrac{2}{3}$ 答

(2) $\tan\theta$

$\tan\theta = \dfrac{\sin\theta}{\cos\theta}$ より，

$\quad \tan\theta = \sin\theta \div \cos\theta$

であるから，

$\quad \tan\theta = \dfrac{\sqrt{5}}{3} \div \dfrac{2}{3}$

$\qquad = \dfrac{\sqrt{5}}{3} \times \dfrac{3}{2}$

$\qquad = \dfrac{\sqrt{5}}{2}$ 答

CHALLENGE

(1) $1 + \tan^2\theta = \dfrac{1}{\cos^2\theta}$ を証明せよ。

$\cos^2\theta + \sin^2\theta = 1$ の両辺を $\cos^2\theta$ でわると，

$\quad 1 + \dfrac{\sin^2\theta}{\cos^2\theta} = \dfrac{1}{\cos^2\theta}$

$\tan\theta = \dfrac{\sin\theta}{\cos\theta}$ より，

$\quad 1 + \tan^2\theta = \dfrac{1}{\cos^2\theta}$ （証明終わり）

(2) $\tan\theta = 2$ $(0° < \theta < 90°)$ のとき，$\cos\theta$，$\sin\theta$ の値を求めよ。

$1 + \tan^2\theta = \dfrac{1}{\cos^2\theta}$ より，

$\quad \dfrac{1}{\cos^2\theta} = 5$

$\quad \cos^2\theta = \dfrac{1}{5}$

$\cos\theta > 0$ より，

$\quad \cos\theta = \dfrac{1}{\sqrt{5}}$ 答

$\tan\theta = \dfrac{\sin\theta}{\cos\theta}$ より，

$\quad \sin\theta = \tan\theta\cos\theta$

$\qquad = 2 \cdot \dfrac{1}{\sqrt{5}}$

$\qquad = \dfrac{2}{\sqrt{5}}$ 答

## 90°−θ の三角比

**Chapter 4**
**48講**

演習の問題 → 本冊 P.113

**1** 次の式の値を求めよ。

(1) $\sin\theta\cos(90°-\theta)+\cos\theta\sin(90°-\theta)$
$=\sin\theta\sin\theta+\cos\theta\cos\theta$
$=\sin^2\theta+\cos^2\theta$
$=1$ 答

(2) $\tan\theta\tan(90°-\theta)-1$
$=\tan\theta\cdot\dfrac{1}{\tan\theta}-1$
$=1-1$
$=0$ 答

**2** 次の三角比を 45° 以下の三角比で表せ。

(1) $\sin 72°$
$=\sin(90°-18°)$
$=\cos 18°$ 答

(2) $\cos 56°$
$=\cos(90°-34°)$
$=\sin 34°$ 答

(3) $\tan 83°$
$=\tan(90°-7°)$
$=\dfrac{1}{\tan 7°}$ 答

**CHALLENGE** 次の式の値を求めよ。

(1) $\cos 10°\cos 80°-\sin 10°\sin 80°$
$=\cos 10°\cos(90°-10°)-\sin 10°\sin(90°-10°)$
$=\cos 10°\sin 10°-\sin 10°\cos 10°$
$=0$ 答

(2) $\tan 33°\tan 57°-1$
$=\tan 33°\tan(90°-33°)-1$
$=\tan 33°\cdot\dfrac{1}{\tan 33°}-1$
$=1-1$
$=0$ 答

---

▶ 参考

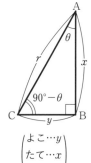

$\begin{pmatrix}\text{よこ}\cdots y\\\text{たて}\cdots x\\\text{斜辺}\cdots r\end{pmatrix}$

裏返して
回転する！

$\sin(90°-\theta)=\dfrac{x}{r}=\cos\theta$

$\cos(90°-\theta)=\dfrac{y}{r}=\sin\theta$

のように sin と cos はひっくり返り，

$\tan(90°-\theta)=\dfrac{x}{y}=\dfrac{1}{\dfrac{y}{x}}=\dfrac{1}{\tan\theta}$

のように tan は逆数になる。

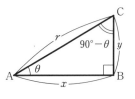

$\begin{pmatrix}\text{よこ}\cdots x\\\text{たて}\cdots y\\\text{斜辺}\cdots r\end{pmatrix}$

**1** 右の△ABCについて次の値を求めよ。

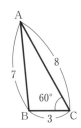

(1) $b$

$b=\mathrm{AC}$

$=8$ 答

(2) $\tan C$

$=\tan 60°$

$=\sqrt{3}$ 答

**2** 次の△ABCの面積$S$を求めよ。

(1) $a=2,\ b=1,\ \sin C=\dfrac{1}{4}$

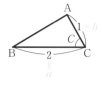

$S=\dfrac{1}{2}ab\sin C$

$=\dfrac{1}{2}\cdot 2\cdot 1\cdot \dfrac{1}{4}$

$=\dfrac{1}{4}$ 答

(2) $b=2\sqrt{3},\ c=4,\ A=30°$

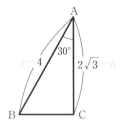

$S=\dfrac{1}{2}bc\sin A$

$=\dfrac{1}{2}\cdot 2\sqrt{3}\cdot 4\cdot \dfrac{1}{2}$

$=2\sqrt{3}$ 答

**CHALLENGE** △ABCについて$\mathrm{AC}=\sqrt{3}$, $\mathrm{BC}=2$, $\cos C=\dfrac{1}{3}$のとき，△ABCの面積$S$を求めよ。

$\sin^2 C+\cos^2 C=1$ より，

$\sin^2 C+\left(\dfrac{1}{3}\right)^2=1$

$\sin^2 C=1-\dfrac{1}{9}$

$=\dfrac{8}{9}$

$\sin C>0$ より，

$\sin C=\dfrac{2\sqrt{2}}{3}$

これと，$b=\mathrm{AC}=\sqrt{3}$, $a=\mathrm{BC}=2$ だから，

$S=\dfrac{1}{2}ab\sin C$

$=\dfrac{1}{2}\cdot 2\cdot\sqrt{3}\cdot\dfrac{2\sqrt{2}}{3}$

$=\dfrac{2\sqrt{6}}{3}$ 答

**1** 次の図の $x$ と $y$ を求めよ。ただし, 円の中心を O とする。

(1)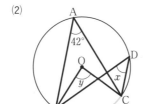

円周角は中心角の半分であるから,

$$x=110°÷2=55°$$ 答

$y$ に対する中心角は

$$360°-110°=250°$$

円周角は中心角の半分であるから,

$$y=250°÷2=125°$$ 答

(2)

同じ弧に対する円周角は等しいから,

$$x=42°$$ 答

弧 BC に対する中心角は 42° であり, 中心角は円周角の 2 倍であるから,

$$y=42°×2$$
$$=84°$$ 答

(3)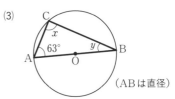

（AB は直径）

$x$ は直径に対する円周角より,

$$x=90°$$ 答

三角形の内角の和は 180° より,

$$y=180°-(90°+63°)$$
$$=27°$$ 答

**2** △ABC において, 次の値を求めよ。ただし, $R$ は △ABC の外接円の半径とする。

(1) $b=2$, $A=30°$, $B=45°$ のとき, $a$

正弦定理 $\dfrac{a}{\sin A}=\dfrac{b}{\sin B}$ より,

$$\frac{a}{\sin 30°}=\frac{2}{\sin 45°}$$

$$a=\frac{2}{\sin 45°}×\sin 30°$$

$$=2÷\sin 45°×\sin 30°$$

$$=2÷\frac{1}{\sqrt{2}}×\frac{1}{2}$$

$$=2×\sqrt{2}×\frac{1}{2}=\sqrt{2}$$ 答

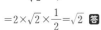

(2) $B=45°$, $R=3$ のとき, $b$

正弦定理 $\dfrac{b}{\sin B}=2R$ より,

$$\frac{b}{\sin 45°}=2·3$$

$$b=6\sin 45°$$

$$=6×\frac{\sqrt{2}}{2}$$

$$=3\sqrt{2}$$ 答

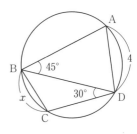

$\sin 45°=\dfrac{1}{\sqrt{2}}=\dfrac{\sqrt{2}}{2}$

CHALLENGE　右の図のように四角形 ABCD が円に内接している。

　　　$AD=4$, $BC=x$, $\angle ABD=45°$, $\angle BDC=30°$

のとき, $x$ の値を求めよ。

　円の半径を $R$ とすると,

△ABD について正弦定理より, $\dfrac{4}{\sin 45°}=2R$

△BCD について正弦定理より, $\dfrac{x}{\sin 30°}=2R$

よって,

$$\frac{4}{\sin 45°}=\frac{x}{\sin 30°}$$

$$x=\frac{4}{\sin 45°}×\sin 30°=4÷\sin 45°×\sin 30°$$

$$=4÷\frac{1}{\sqrt{2}}×\frac{1}{2}=4×\sqrt{2}×\frac{1}{2}=2\sqrt{2}$$ 答

**1** △ABCにおいて $a=2$, $b=3$, $C=60°$ のとき, $c$ を求めよ。

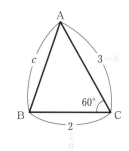

余弦定理 $c^2=a^2+b^2-2ab\cos C$ より,

$$c^2=2^2+3^2-2\cdot2\cdot3\cdot\cos60°$$
$$=4+9-12\cdot\frac{1}{2}$$
$$=7$$

$c>0$ より, $c=\sqrt{7}$ 答

**2** △ABCにおいて, $a=3$, $b=\sqrt{2}$, $c=\sqrt{5}$ のとき, $C$ を求めよ。

余弦定理 $\cos C=\dfrac{a^2+b^2-c^2}{2ab}$ より,

$$\cos C=\frac{3^2+(\sqrt{2})^2-(\sqrt{5})^2}{2\cdot3\cdot\sqrt{2}}$$
$$=\frac{6}{6\sqrt{2}}$$
$$=\frac{1}{\sqrt{2}}$$

よって, $C=45°$ 答

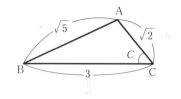

▶ 参考

$\cos C=\dfrac{1}{\sqrt{2}}$ のとき, $\dfrac{(よこ)}{(斜辺)}=\dfrac{1}{\sqrt{2}}$ であるから,

よって, $C=45°$

CHALLENGE　$BC=\sqrt{7}$, $AC=1$, $A=60°$ のとき, 次の問いに答えよ。

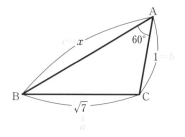

(1) $AB=x$ とおいて, $x$ についての方程式を求めよ。

余弦定理 $a^2=b^2+c^2-2bc\cos A$ より,

$$(\sqrt{7})^2=1^2+x^2-2\cdot1\cdot x\cdot\cos60°$$
$$7=1+x^2-2x\cdot\frac{1}{2}$$
$$7=x^2+1-x$$
$$x^2-x-6=0 \quad 答$$

(2) ABの長さを求めよ。

$x^2-x-6=0$ を解くと,

$$(x-3)(x+2)=0$$

$x>0$ より, $x=3$

よって, $AB=3$ 答

**1** △ABC において，$a=2\sqrt{6}$，$b=3$，$c=5$ のとき，次の値を求めよ。

(1) $\cos A$

余弦定理より，

$$\cos A = \frac{3^2+5^2-(2\sqrt{6})^2}{2\cdot3\cdot5}$$

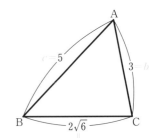

$$\boxed{\cos A = \frac{b^2+c^2-a^2}{2bc}}$$

$$=\frac{10}{30}=\frac{1}{3}\ \text{答}$$

(2) $\sin A$

$\sin^2 A+\cos^2 A=1$ より，

$$\sin^2 A+\left(\frac{1}{3}\right)^2=1$$

$$\sin^2 A=1-\frac{1}{9}=\frac{8}{9}$$

$\sin A>0$ より，$\sin A=\dfrac{2\sqrt{2}}{3}$ 答

(3) △ABC の面積 $S$

$$S=\frac{1}{2}\cdot AB\cdot AC\cdot\sin A$$

$$=\frac{1}{2}\cdot5\cdot3\cdot\frac{2\sqrt{2}}{3}=5\sqrt{2}\ \text{答}$$

**CHALLENGE**　△ABC において，$\sin A:\sin B:\sin C=7:5:8$ が成り立つとき，$\cos A$ の値を求めよ。

正弦定理より，$\sin A=\dfrac{a}{2R}$，$\sin B=\dfrac{b}{2R}$，$\sin C=\dfrac{c}{2R}$ であるから，

$$\sin A:\sin B:\sin C=\frac{a}{2R}:\frac{b}{2R}:\frac{c}{2R}=a:b:c$$

よって，$a:b:c=7:5:8$ であり，$a=7k$，$b=5k$，$c=8k\ (k>0)$ とおける。

余弦定理より，

$$\cos A=\frac{(5k)^2+(8k)^2-(7k)^2}{2\cdot5k\cdot8k}$$

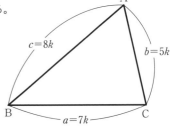

$$\boxed{\cos A=\frac{b^2+c^2-a^2}{2bc}}$$

$$=\frac{40k^2}{80k^2}$$

$$=\frac{1}{2}\ \text{答}$$

▶ 参考

$\cos A=\dfrac{1}{2}$ のとき，$\dfrac{(\text{よこ})}{(\text{斜辺})}=\dfrac{1}{2}$ であるから，

よって，$A=60°$

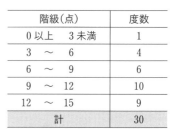

## Chapter 5
# 53講 │ 度数分布表とヒストグラム

演習の問題 ➡ 本冊 P.123

1 右の資料は、あるクラスの小テストの結果をまとめたものである。
次の問いに答えよ。

| 階級(点) | 度数 |
|---|---|
| 0 以上　3 未満 | 1 |
| 3 ～ 6 | 4 |
| 6 ～ 9 | 6 |
| 9 ～ 12 | 10 |
| 12 ～ 15 | 9 |
| 計 | 30 |

(1) 階級の幅はいくつか。

階級の幅は 3 点 **答**

(2) 度数の一番大きい階級の階級値はいくつか。

度数の一番大きい階級は 9 以上 12 未満なので、階級値は

$$\frac{9+12}{2}=10.5（点）$$ **答**

2 B班の資料からヒストグラムを作れ。ただし、階級の幅は 4 時間とすること。

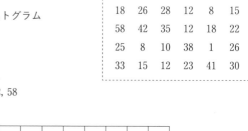

データを値が小さい方から順に並べると、

0, 1, 2, 3, 3, 5, 7, 13, 20, 21

よって、ヒストグラムは次のようになる。

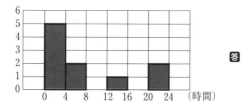 **答**

**CHALLENGE**　右の資料は、あるクラスの生徒の通学時間(分)をまとめたものである。次の問いに答えよ。

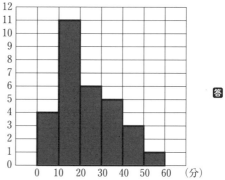

(1) 階級の幅を 10 分として、このデータの度数分布表とヒストグラムを作れ。

データを値が小さい方から順に並べると、

1, 5, 8, 8, 10, 10, 12, 12, 12, 12, 15, 15, 15, 18, 18,

22, 23, 25, 26, 26, 28, 30, 32, 33, 35, 38, 41, 42, 42, 58

よって、度数分布表とヒストグラムは次のようになる。

| 階級(分) | 度数 |
|---|---|
| 0 以上　10 未満 | 4 |
| 10 ～ 20 | 11 |
| 20 ～ 30 | 6 |
| 30 ～ 40 | 5 |
| 40 ～ 50 | 3 |
| 50 ～ 60 | 1 |
| 計 | 30 |

**答**

(2) 階級 20～30 には、通学時間の短い方から数えて何番目から何番目までの生徒が含まれているか答えよ。

16 番目から 21 番目までの生徒が含まれている **答**

0 以上 20 未満には 15 番目までのデータがあるね。

**1** 次のデータの平均値を求めよ。

(1)　11　52　47　30　15　−35

$(平均値)=\dfrac{(データすべての値の和)}{(値の個数)}$ より，

$\dfrac{11+52+47+30+15+(-35)}{6}=\dfrac{120}{6}=20$ **答**

(2)　7.5　11.2　−5.7　9.2　9.3　−4.2　3.1　9.6

$(平均値)=\dfrac{(データすべての値の和)}{(値の個数)}$ より，

$\dfrac{7.5+11.2+(-5.7)+9.2+9.3+(-4.2)+3.1+9.6}{8}=\dfrac{40}{8}=5$ **答**

**2** 右の表は，ある野球チームのレギュラーの1年間の安打の本数の度数分布表である。この度数分布表から平均値を求めよ。

各階級の階級値に注目すると，平均値は，

$\dfrac{110\cdot1+130\cdot2+150\cdot2+170\cdot3}{8}=\dfrac{1180}{8}=147.5(本)$ **答**

| 階級(本) | 度数 |
|---|---|
| 100 以上 120 未満 | 1 |
| 120　～　140 | 2 |
| 140　～　160 | 2 |
| 160　～　180 | 3 |
| 計 | 8 |

**CHALLENGE**　次のデータの平均値が50であるとき，$a$の値を求めよ。

43　48　52　62　35　55　60　$a$

$(平均値)=\dfrac{(データすべての値の和)}{(値の個数)}$ より，

$\dfrac{43+48+52+62+35+55+60+a}{8}=50$

$43+48+52+62+35+55+60+a=50\cdot8$

$355+a=400$

$a=45$ **答**

▶ 参考

　$43+48+52+62+35+55+60+a=50\cdot8$ は，

　「(すべての値の和)＝(平均値)×(値の個数)」　　…(＊)

ということです。平均値について(＊)が成り立つことも知っておくとよいでしょう！

**アドバイス**

　「平均値」は，いくつかの値があるとき，これらを平らにならす，つまりみんな同じだとするといくつになるのか，を表しています。例えば，悠司君，恵梨さん，龍之介君がそれぞれ9本，13本，35本のペンをもっているとします。平均すると1人何本のペンをもっているかを考えてみましょう。

　これは「3人がもっているペンをいったん全部集めて，あらためて3人に同じ本数ずつ分けると，1人あたり何本になるか」という意味です。よって，3人がもっているペンの本数の平均値は，

全部集めた
ペンの本数。
→ $\dfrac{9+13+35}{3}=\dfrac{57}{3}=19(本)$

3人で同じ本数ずつ分けるから，3でわる。

① 次のデータの中央値を求めよ。

(1) 7　9　18　5　8

　　このデータを値が小さい方から順に並べると,
　　　　5　7　8　9　18
　　であり, データは5個(奇数)であるので,
　　中央値は3番目の値より, 8 **答**

(2) 6　12　8　9　11　−100

　　このデータを値が小さい方から順に並べると,
　　　　−100　6　8　9　11　12
　　であり, データは6個(偶数)であるので,
　　中央値は3番目と4番目の平均値より, $\dfrac{8+9}{2}=8.5$ **答**

② すべての値が異なる99個のデータがある。次の問いに答えよ。

(1) 中央値は小さい方から何番目の値か。

　　1　2　3　…　49　50　51　…　97　98　99
　　○ ○ ○ … ○　○　○ … ○ ○ ○
　　　　49個　　　　↑　　　　49個
　　　　　　　　　中央値

　　**50番目の値** **答**

(2) 中央値より大きい値は何個あるか。

　　**49個** **答** ●————

データの個数が奇数なので,
真ん中の値が中央値になる。
つまり中央値の前後には,
$\dfrac{98}{2}=49$ 個ずつのデータがある。

CHALLENGE　$a$ は1桁の自然数とする。データ「4　7　8　8　11　$a$」の中央値が8になるとき, $a$ のとりうる値をすべて求めよ。

　　$a$ 以外のデータを値が小さい方から順に並べると,
　　　　4　7　8　8　11
　　(i) $a \leqq 4$ のとき, データを値が小さい方から順に並べると,
　　　　　$a$　4　7　8　8　11
　　このとき, 中央値は
　　　　$\dfrac{7+8}{2}=7.5$
　　であり, 中央値は8ではないので不適。

　　(ii) $4 < a \leqq 7$ のとき, データを値が小さい方から順に並べると,
　　　　　4　$a$　7　8　8　11
　　このとき, 中央値は
　　　　$\dfrac{7+8}{2}=7.5$
　　であり, 中央値は8ではないので不適。

　　(iii) $a=8, 9$ のとき, データを値が小さい方から順に並べると,
　　　　　4　7　8　8　8　11
　　　　　4　7　8　8　9　11
　　いずれの場合も中央値は
　　　　$\dfrac{8+8}{2}=8$
　　であり, 適する。
　　　$a$ は1桁の自然数であるので
　　　　$a=8, 9$ **答**

**1** 次のデータの最頻値を求めよ。

(1)  7  9  18  5  8  12  15  18  6

このデータを値が小さい方から順に並べると,
　　　5  6  7  8  9  12  15  18  18
となるので, 最頻値は
　　　18 答

> 小さい方から順に並べると,
> 見落としが少なくなるよ!

(2)  9  6  12  8  9  11  −100  13  −100

このデータを小さい方から順に並べると,
　　　−100  −100  6  8  9  9  11  12  13
となるので, 最頻値は
　　　−100 と 9 答

> 最頻値が 2 つ以上になることもあるので注意!

**2** 右のデータは, ある日に売れたペットボトル飲料の本数を容量別に分けたものである。このデータの最頻値を求めよ。

最頻値は
　　　500 mL 答

| 容量<br>(mL) | 度数<br>(本) |
|---|---|
| 280 | 80 |
| 500 | 420 |
| 1000 | 120 |
| 1500 | 50 |
| 2000 | 180 |

**CHALLENGE** $a$ は 1 桁の自然数とする。次のデータについて, 下の問いに答えよ。

$$5 \quad 9 \quad 8 \quad 8 \quad 10 \quad a$$

(1) このデータの最頻値が 8 のみとならないような $a$ の値を求めよ。

8 は 2 個しかないので, $a$ をすでに 1 個ある数にすれば, その数も最頻値となり, 最頻値が 8 のみとならない。
よって,
　　　$a=5,\ 9,\ 10$ 答

(2) 新たに 1 つどんな値のデータを増やしても, 最頻値が 8 のみとなるような $a$ の値を求めよ。

8 以外の数は 1 個しかないので, どんな値のデータを 1 つ増やしても最頻値が 8 のみになるためには, 8 が 3 個になればよい。
よって,
　　　$a=8$ 答

**1** 次のデータの四分位数を求めよ。

(1)  7  9  5  8  11  13

このデータを値が小さい方から順に並べると,

$$\boxed{5\ \ 7\ \ 8}\ \boxed{9\ \ 11\ \ 13}$$

↑ 平均値 ↑
$Q_1$ ‖ $Q_3$
$Q_2$

第1四分位数を$Q_1$,
第2四分位数を$Q_2$,
第3四分位数を$Q_3$とする。
以下同様。

よって,

第1四分位数は 7, 第2四分位数は $\dfrac{8+9}{2}=8.5$, 第3四分位数は 11 **答**

(2)  15  17  8  9  8  13  7  5  16  5  11  13  14

このデータを値が小さい方から順に並べると,

$$\boxed{5\ \ 5\ \ 7\ \ 8\ \ 8\ \ 9}\ \ 11\ \ \boxed{13\ \ 13\ \ 14\ \ 15\ \ 16\ \ 17}$$

平均値 ↑ 平均値
‖ $Q_2$ ‖
$Q_1$ $Q_3$

よって,

第1四分位数は $\dfrac{7+8}{2}=7.5$, 第2四分位数は 11, 第3四分位数は $\dfrac{14+15}{2}=14.5$ **答**

**2** 次のデータの範囲, 四分位範囲, 四分位偏差を求めよ。

9  10  7  8  4  5  13  12

このデータを値が小さい方から順に並べると,

$$\boxed{4\ \ 5\ \ 7\ \ 8}\ \boxed{9\ \ 10\ \ 12\ \ 13}$$

平均値 平均値
‖ ‖
$Q_1$ $Q_3$

第1四分位数は $\dfrac{5+7}{2}=6$, 第3四分位数は $\dfrac{10+12}{2}=11$

よって,

範囲は $13-4=9$, 四分位範囲は $11-6=5$, 四分位偏差は $\dfrac{5}{2}=2.5$ **答**

CHALLENGE  第1四分位数, 第2四分位数, 第3四分位数をそれぞれ$Q_1$, $Q_2$, $Q_3$と表す。

①～③は正しいか正しくないかを答えよ。

① 平均値は必ず$Q_1$以上, $Q_3$以下である。
② 中央値は必ず$Q_1$以上, $Q_3$以下である。
③ $Q_1=Q_3$となることがある。

① 正しくない **答**

（「$-100$  0  1  2  3  4」のように極端に小さい値があると成り立たない。この例では,

$$（平均値）=\dfrac{-100+0+1+2+3+4}{6}=-15\quad Q_1=0,\ Q_3=3）$$

② 正しい **答** （$Q_1\leqq Q_2\leqq Q_3$ は必ず成り立つ。）
③ 正しい **答** （「1  1  1  1  1」のようにすべて同じ値だと$Q_1=Q_3$となる。）

**1** 下のデータの箱ひげ図をかけ。

50　100　62　93　58　70　83　69　87

このデータを値が小さい方から順に並べると，

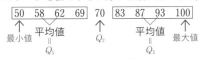

最小値50, 第1四分位数$\dfrac{58+62}{2}=60$, 中央値70,

第3四分位数$\dfrac{87+93}{2}=90$, 最大値100となるので，

箱ひげ図は右の図のようになる。

答
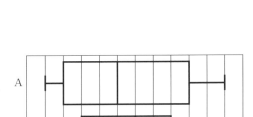

**2** 右の2つの箱ひげ図A, Bを見て，次の問いに答えよ。

(1) 四分位範囲が大きいのはどちらか。

　四分位範囲は箱の長さなのでA 答

(2) 中央値からの散らばりが大きいと考えられるのはどちらか。

　(1)より，Aの方が四分位範囲が大きいので，Aの方が中央値からの散らばりが大きい。 答

CHALLENGE　箱ひげ図から読み取れる情報として，①～④は正しいか正しくないかを答えよ。

① データの個数が101個で，データの値がすべて異なるとき，箱には50個のデータが入る。

② データの個数が101個で，データの値がすべて異なるとき，左のひげには25個のデータが入る。

③ 箱の長さが長いほど，中央値からの散らばりが大きいと考えられる。

④ 箱の長さが長いほど，平均値からの散らばりが大きいと考えられる。

① 正しくない（51個のデータが入っている。） 答

② 正しい 答

③ 正しい 答
　（箱の長さが長いと，四分位範囲が大きいということなので，中央値からの散らばりが大きいと考えられる。）

④ 正しくない 答
　（箱の長さからだけでは，平均値からの散らばりについてはわからない。）

解説　第1四分位数，第2四分位数，第3四分位数をそれぞれ$Q_1$, $Q_2$, $Q_3$とする。①, ②について，

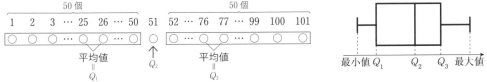

● 箱の中には，26番目から76番目までの$76-26+1=51$（個）のデータが入っている。
　→①は正しくない。

● 左のひげには，1番目から25番目までの25個のデータが入っている。
　→②は正しい。

**1** 次のデータの分散, 標準偏差を求めよ。

(1)  2  5  8  6  3  9

平均値は,
$$\frac{2+5+8+6+3+9}{6}=5.5$$

分散は,
$$\frac{(2-5.5)^2+(5-5.5)^2+(8-5.5)^2+(6-5.5)^2+(3-5.5)^2+(9-5.5)^2}{6}=\frac{37.5}{6}=6.25 \text{ 答}$$

標準偏差は,
$$\sqrt{6.25}=2.5 \text{ 答}$$

(2)  −3  6  8  6  −2  5  −9  5  1  3

平均値は,
$$\frac{-3+6+8+6+(-2)+5+(-9)+5+1+3}{10}=2$$

> 偏差を求めると, 分散が計算しやすくなるよ！

このデータの偏差は,「−5  4  6  4  −4  3  −11  3  −1  1」なので,

分散は,
$$\frac{(-5)^2+4^2+6^2+4^2+(-4)^2+3^2+(-11)^2+3^2+(-1)^2+1^2}{10}=25 \text{ 答}$$

標準偏差は,
$$\sqrt{25}=5 \text{ 答}$$

**2** 次の2つのデータは, ある2つのアイドルグループX, Yの演技をみた6人の審査員A〜Fが10点満点で点数をつけたものである。

|   | A | B | C | D | E | F |
|---|---|---|---|---|---|---|
| X | 7 | 4 | 5 | 8 | 3 | 9 |
| Y | 6 | 7 | 4 | 2 | 5 | 6 |

(1)  次の表は上のデータの偏差をまとめたものである。空欄をうめよ。

Xの平均値は, $\dfrac{7+4+5+8+3+9}{6}=6$

Yの平均値は, $\dfrac{6+7+4+2+5+6}{6}=5$

より,

|   | A | B | C | D | E | F |
|---|---|---|---|---|---|---|
| Xの偏差 | 1 | −2 | −1 | 2 | −3 | 3 | 答 |
| Yの偏差 | 1 | 2 | −1 | −3 | 0 | 1 |

(2)  平均値からの散らばりが大きいと考えられるのはどちらか答えよ。

Xの分散は, $\dfrac{1^2+(-2)^2+(-1)^2+2^2+(-3)^2+3^2}{6}=\dfrac{14}{3}$

Yの分散は, $\dfrac{1^2+2^2+(-1)^2+(-3)^2+0^2+1^2}{6}=\dfrac{8}{3}$

よって, Xの方が分散が大きいので, Xの方が平均値からの散らばりが大きい。 答

1 次のような2つの変量がある。$x$を横軸，$y$を縦軸として散布図をかけ。また，$x$と$y$には，どのような相関がある
と考えられるか。「正の相関がある」「負の相関がある」「相関はない」から選べ。

(1)

| $x$ | 5 | 3 | 2 | 7 | 5 | 1 | 4 | 2 | 3 |
|---|---|---|---|---|---|---|---|---|---|
| $y$ | 5 | 2 | 3 | 5 | 7 | 1 | 4 | 2 | 4 |

(2)

| $x$ | 3 | 5 | 1 | 5 | 3 | 6 | 8 | 2 |
|---|---|---|---|---|---|---|---|---|
| $y$ | 2 | 2 | 6 | 1 | 3 | 4 | 7 | 6 |

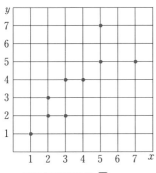

正の相関がある 答

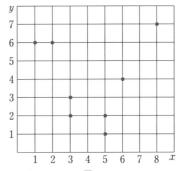

相関はない 答

CHALLENGE　3つの変量$x$, $y$, $z$のうち，2つの変量$y$, $z$については
$$y+z=10$$
という関係が成り立つ。図1は$x$を横軸，$y$を縦軸とした散
布図である。

このとき，$x$を横軸，$z$を縦軸とした散布図はどのように
なるか。最も適切なものを次のア〜エから1つ選べ。

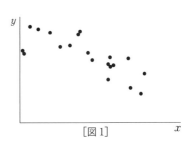

[図1]

ア 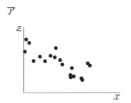　イ 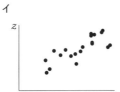　ウ 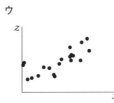　エ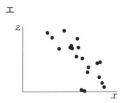

図1の各点を縦軸の座標がたして10となるように移動させたものが求める散布図である。よって，**ウ** 答

解説　$z=10-y$より，図1の各点を縦軸の座標について
10から$y$座標分だけ下げたものが求める散布図であ
る。

つまり，$y$座標が大きければ$z$座標は小さくなり，$y$
座標が小さければ$z$座標は大きくなるので，図1は右
下がりだが，求める散布図は右上がりになる。

よって，イまたはウであるが，横軸に関しては点は
移動しないので，イではない。したがって，ウが求め
る散布図である。

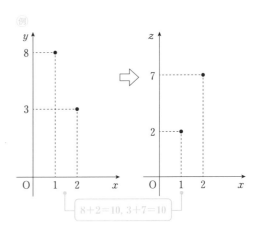

$8+2=10, 3+7=10$

61

**1** 右の表は、2つの変量 $x$, $y$ についての8個のデータである。$x$ と $y$ の共分散 $s_{xy}$, 相関係数 $r$ をそれぞれ求めよ。

　ただし、$x$ の標準偏差は $s_x=2$, $y$ の標準偏差は $s_y=2.5$ となることは用いてよい。

| $x$ | 1 | 3 | 6 | 4 | 3 | 6 | 2 | 7 |
|---|---|---|---|---|---|---|---|---|
| $y$ | 6 | 7 | 6 | 4 | 8 | 3 | 9 | 1 |

　$\overline{x}=4$, $\overline{y}=5.5$ より、$x-\overline{x}$, $y-\overline{y}$, $(x-\overline{x})(y-\overline{y})$ を表にすると次のようになる。

| $x-\overline{x}$ | $-3$ | $-1$ | 2 | 0 | $-1$ | 2 | $-2$ | 3 |
|---|---|---|---|---|---|---|---|---|
| $y-\overline{y}$ | 0.5 | 1.5 | 0.5 | $-1.5$ | 2.5 | $-2.5$ | 3.5 | $-4.5$ |
| $(x-\overline{x})(y-\overline{y})$ | $-1.5$ | $-1.5$ | 1.0 | 0.0 | $-2.5$ | $-5.0$ | $-7.0$ | $-13.5$ |

よって、

$$s_{xy}=\frac{(-1.5)+(-1.5)+1+0+(-2.5)+(-5)+(-7)+(-13.5)}{8}=\boxed{-3.75} \text{ 答}$$

　$s_x=2$, $s_y=2.5$ より、

$$r=\frac{s_{xy}}{s_x s_y}=\frac{\boxed{-3.75}}{2\cdot 2.5}=\boxed{-0.75} \text{ 答}$$

**2** 右の①〜③の散布図は、2つの変量 $x$ と $y$ のデータについての散布図である。$x$ と $y$ の相関係数が 0.91, 0.17, $-0.84$ のいずれかのとき、①〜③の相関係数を求めよ。

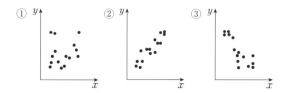

**答** ①　0.17　　②　0.91　　③　$-0.84$

**3** 次のような2つの変量がある。共分散、相関係数を求めよ。

| $x$ | 6 | 5 | 2 | 3 | 7 | 3 | 7 | 1 | 3 | 3 |
|---|---|---|---|---|---|---|---|---|---|---|
| $y$ | 7 | 2 | 0 | 9 | 1 | 2 | 0 | 1 | 6 | 2 |

　$\overline{x}=4$, $\overline{y}=3$ より、$x$ と $y$ の偏差、偏差の積を表に表すと、

| $x-\overline{x}$ | 2 | 1 | $-2$ | $-1$ | 3 | $-1$ | 3 | $-3$ | $-1$ | $-1$ |
|---|---|---|---|---|---|---|---|---|---|---|
| $y-\overline{y}$ | 4 | $-1$ | $-3$ | 6 | $-2$ | $-1$ | $-3$ | $-2$ | 3 | $-1$ |
| $(x-\overline{x})(y-\overline{y})$ | 8 | $-1$ | 6 | $-6$ | $-6$ | 1 | $-9$ | 6 | $-3$ | 1 |

　$x$ の分散は、

$$\frac{2^2+1^2+(-2)^2+(-1)^2+3^2+(-1)^2+3^2+(-3)^2+(-1)^2+(-1)^2}{10}=4$$

より、$x$ の標準偏差は $\sqrt{4}=2$

　$y$ の分散は、

$$\frac{4^2+(-1)^2+(-3)^2+6^2+(-2)^2+(-1)^2+(-3)^2+(-2)^2+3^2+(-1)^2}{10}=9$$

より、$y$ の標準偏差は $\sqrt{9}=3$

　$x$ と $y$ の共分散は、

$$\frac{8+(-1)+6+(-6)+(-6)+1+(-9)+6+(-3)+1}{10}=-0.3 \text{ 答}$$

　よって、$x$ と $y$ の相関係数は、

$$\frac{-0.3}{2\cdot 3}=-0.05 \text{ 答}$$

# 修了判定模試
## 解答と解説

**1** (1) $4x^2-9$

(2) $(2x+3)(3x-5)$

(3) $11\sqrt{3}$

(4) $-5<x\leqq -2$

(5) $\dfrac{11\pm\sqrt{97}}{6}$

**2** (1) ① $\{1, 2, 4, 36\}$

② $\{2, 3, 4, 6, 9, 12, 18\}$

③ $\{1, 2, 3, 4, 9, 18, 36\}$

(2) ① 十分

② 必要

**3** (1) $x=5$ のとき, 最大値 3

$x=2$ のとき, 最小値 $-6$

(2) $x\leqq -3,\ 1\leqq x$

**4** (1) $\dfrac{3}{4}$　(2) $\dfrac{\sqrt{7}}{4}$　(3) $\dfrac{15\sqrt{7}}{4}$

**5** (1) $Q_1=5,\ Q_2=7,\ Q_3=9.5$

(2) $p=6,\ s^2=4,\ s=2$

---

**1**

(1) $(2x+3)(2x-3)=(2x)^2-3^2$

$=4x^2-9$ 答(4点) **→08講**

(2) $6x^2-x-15$

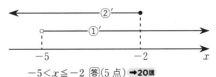

$6x^2-x-15=(2x+3)(3x-5)$ 答

(5点) **→12講**

(3) $2\sqrt{75}-\sqrt{6}\div(-\sqrt{2})$

$=2\sqrt{5^2\times 3}-\sqrt{6}\times\left(-\dfrac{1}{\sqrt{2}}\right)$

$=2\times 5\sqrt{3}+\dfrac{\sqrt{6}}{\sqrt{2}}$

$=10\sqrt{3}+\sqrt{3}$

$=11\sqrt{3}$ 答(5点) **→16講**

(4) $\begin{cases}5x+3>3x-7 &\cdots① \\ 3-2x\geqq -x+5 &\cdots②\end{cases}$

①より,

$2x>-10$

$x>-5$　　$\cdots①'$

②より,

$-x\geqq 2$

$x\leqq -2$　　$\cdots②'$

①′, ②′の共通範囲が解より,

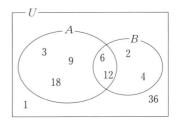

$-5<x\leqq -2$ 答(5点) **→20講**

(5) $3x^2-11x+2=0$

$x=\dfrac{-(-11)\pm\sqrt{(-11)^2-4\cdot 3\cdot 2}}{2\cdot 3}$

$=\dfrac{11\pm\sqrt{121-24}}{6}$

$=\dfrac{11\pm\sqrt{97}}{6}$ 答(5点) **→22講**

**2**

(1) $U=\{x|x$ は 36 の正の約数$\}$

$=\{1, 2, 3, 4, 6, 9, 12, 18, 36\}$

$A=\{3, 6, 9, 12, 18\}$

$B=\{2, 4, 6, 12\}$

であり,

$A\cap B=\{6, 12\}$

に注意してベン図に表すと, 次の図のようになる。

① $\overline{A}=\{1, 2, 4, 36\}$ 答(3点)

② $A\cup B=\{2, 3, 4, 6, 9, 12, 18\}$ 答(4点)

③ $\overline{A\cap B}$ は $U$ の要素であって, $A\cap B$ の要素ではないものの集合より,

$\overline{A\cap B}=\{1, 2, 3, 4, 9, 18, 36\}$ 答(5点)

**→24講**

(2) 「$1<x<2 \implies 1<x<4$」は真。

「$1<x<4 \implies 1<x<2$」は偽（反例 $x=3$）。

よって，「$1<x<2$」は「$1<x<4$」であるための十

分条件であるが必要条件ではない。

したがって，① 十分，② 必要。答（各2点）→**26講**

3
(1) $y=x^2-4x-2$

$\quad =(x-2)^2-2^2-2 \quad$ $\left(\begin{array}{l}\text{平方完成}\\\text{に5点}\end{array}\right)$

$\quad =(x-2)^2-6$

$0 \leqq x \leqq 5$ のとき，グラフは次の図の実線部分となる。

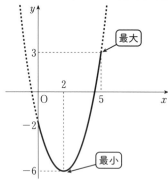

よって，

$x=5$ のとき，$\quad$ $\left(\begin{array}{l}\text{最大となる}\\x\text{の値に2点}\end{array}\right)$

最大値 3 $\quad$ （最大値に3点）

$x=2$ のとき，$\quad$ $\left(\begin{array}{l}\text{最小となる}\\x\text{の値に2点}\end{array}\right)$

最小値 $-6$ $\quad$ （最小値に3点）

をとる。答 →**37講**

(2) $\quad -x^2-2x+3 \leqq 0$

の両辺を $-1$ 倍して，

$\quad x^2+2x-3 \geqq 0$

$\quad (x+3)(x-1) \geqq 0$

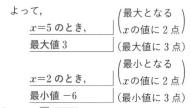

よって，

$\quad x \leqq -3, 1 \leqq x$ 答（5点）→**39講**

4

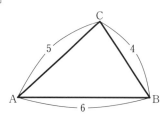

(1) 余弦定理より，

$$\cos A = \frac{5^2+6^2-4^2}{2 \cdot 5 \cdot 6} \quad \left(\begin{array}{l}\text{余弦定理を使うこと}\\\text{に気づいて4点}\end{array}\right)$$

$$= \frac{45}{2 \cdot 5 \cdot 6}$$

$$= \frac{3}{4} \text{ 答} \quad \left(\begin{array}{l}\cos A \text{の値を}\\\text{求めて2点}\end{array}\right) →\textbf{51講}$$

(2) $\sin^2 A + \cos^2 A = 1$ より，$\left(\begin{array}{l}\sin^2 A + \cos^2 A = 1 \text{を}\\\text{使うことに気づいて3点}\end{array}\right)$

$$\sin^2 A = 1 - \cos^2 A$$

$$= 1 - \left(\frac{3}{4}\right)^2$$

$$= \frac{7}{16} \text{ 答}（\sin^2 A \text{の値に2点}）$$

$\sin A > 0$ であるから，

$$\sin A = \sqrt{\frac{7}{16}} = \frac{\sqrt{7}}{4} \text{ 答} \left(\begin{array}{l}\sin A \text{の値を}\\\text{求めて3点}\end{array}\right) →\textbf{47講}$$

(3) $S = \frac{1}{2}bc\sin A$

$$= \frac{1}{2} \times 5 \times 6 \times \frac{\sqrt{7}}{4}$$

$$= \frac{15\sqrt{7}}{4} \text{ 答} \left(\begin{array}{l}\text{面積} S \text{を}\\\text{求めて6点}\end{array}\right) →\textbf{49講}$$

5
(1) $\quad$ 3 $\quad$ 5 $\quad$ 5 $\quad$ 6 $\quad$ 7 $\quad$ 8 $\quad$ 9 $\quad$ 10 $\quad$ 12

第2四分位数 $Q_2$ は中央値であるから，

$\quad Q_2 = 7$ 答（4点）

$Q_2$ を除いて，データを前半と後半に分ける。

第1四分位数 $Q_1$ は前半のデータの中央値である

から，

$$Q_1 = \frac{5+5}{2} = 5 \text{ 答}（4点）$$

第3四分位数 $Q_3$ は後半のデータの中央値であ

るから，

$$Q_3 = \frac{9+10}{2} = 9.5 \text{ 答}（4点）→\textbf{57講}$$

(2) 平均値 $p$ は

$$p = \frac{6+5+3+9+7}{5} = 6 \text{ 答}（3点）$$

よって，分散 $s^2$ は，

$$s^2 = \frac{(6-6)^2+(5-6)^2+(3-6)^2+(9-6)^2+(7-6)^2}{5}$$

$$= \frac{20}{5}$$

$$= 4 \text{ 答}（4点）$$

また，標準偏差 $s$ は，

$$s = \sqrt{4} = 2 \text{ 答}（1点）→\textbf{54講・59講}$$